Olufunmilola Adunni Abiodun
Adegbola Oladele Dauda
Tolulope Olaseeni Bamigboye

Baga Serendipity: sua domesticação, composição e utilizações

Olufunmilola Adunni Abiodun
Adegbola Oladele Dauda
Tolulope Olaseeni Bamigboye

Baga Serendipity: sua domesticação, composição e utilizações

Uma baía subutilizada na floresta tropical

ScienciaScripts

Imprint

Any brand names and product names mentioned in this book are subject to trademark, brand or patent protection and are trademarks or registered trademarks of their respective holders. The use of brand names, product names, common names, trade names, product descriptions etc. even without a particular marking in this work is in no way to be construed to mean that such names may be regarded as unrestricted in respect of trademark and brand protection legislation and could thus be used by anyone.

Cover image: www.ingimage.com

This book is a translation from the original published under ISBN 978-3-330-32995-9.

Publisher:
Sciencia Scripts
is a trademark of
Dodo Books Indian Ocean Ltd. and OmniScriptum S.R.L publishing group

120 High Road, East Finchley, London, N2 9ED, United Kingdom
Str. Armeneasca 28/1, office 1, Chisinau MD-2012, Republic of Moldova, Europe
Printed at: see last page
ISBN: 978-620-7-78864-4

Capítulo I

A baga da serendipidade, um fruto em vias de extinção

Abiodun O.A.

Departamento de Economia Doméstica e Ciência Alimentar

Universidade de Ilorin, Estado de Kwara, Nigéria

funmiabiodun2003@yahoo.com

As bagas são ricas em substâncias vegetais secundárias, como açúcares, ácidos orgânicos e fenóis. Os açúcares e os ácidos orgânicos são os seus principais componentes solúveis e têm uma grande influência no sabor e no grau de maturação do fruto, sendo mesmo um indicador adequado da aceitação do consumidor (Kafkas *et al.*, 2006; Tosun *et al.*, 2009). Kafkas *et al.* (2006) verificaram que a natureza e a quantidade de diferentes compostos influenciam o sabor dos frutos e que as alterações na qualidade dos frutos dependem, por conseguinte, da composição e da concentração desses compostos. Remberg *et al* (2007) verificaram que as diferenças genéticas entre parentes selvagens da população natural e variedades de bagas cultivadas representam uma variabilidade potencial que pode ser observada no seu conteúdo e composição de compostos bioactivos. As frutas e os legumes são uma fonte importante de macronutrientes, como a fibra, e de micronutrientes, como os minerais e as vitaminas C, tiamina, riboflavina, B-6, niacina, ácido fólico, A e E. Os fitoquímicos presentes na fruta e nos legumes, como os polifenóis, os carotenóides e os glucosinolatos, podem também ter valor nutricional.

Thuiller (2007) explicou que os principais factores directos induzidos pelo homem que afectam a biodiversidade são a perda e a fragmentação dos habitats, ao passo que as alterações climáticas se tornarão provavelmente um dos principais factores no futuro. O FmEnv (2006) constatou que cada evento de extinção resulta na perda de um elemento da biodiversidade, bem como dos serviços ecossistémicos que este fornece. Além disso, existe uma enorme lacuna no conhecimento sobre a diversidade genética das plantas selvagens, uma vez que não existe documentação actualizada sobre os recursos fitogenéticos para a alimentação e a agricultura (FmEnv, 2006). Apenas uma pequena parte da rica dotação natural de recursos fitogenéticos está corretamente documentada e é utilizada de forma rentável na alimentação e na agricultura. De acordo com o Centro Nacional de Recursos Genéticos e Biotecnologia (2008), a diversidade das culturas nigerianas, tanto as mais importantes como as menos importantes, está a diminuir à medida que a destruição do habitat acelera a perda de diversidade. Por conseguinte, a sobre-exploração ultrapassa largamente o ritmo da recolha e da conservação.

O número de plantas não domesticadas colhidas na natureza para compensar a escassez de alimentos é mais variado e frequentemente específico do ponto de vista ecológico e cultural. A perda de diversidade destas espécies é alarmante e exige uma ação mais urgente do que a que está a ser tomada na Nigéria. Caso contrário, algumas espécies extinguir-se-ão na próxima década (National Centre for Genetic Resources and Biotechnology, 2008). Babatola e Adelaja (1999) estimaram que os frutos indígenas não são cultivados regularmente devido a crenças religiosas e/ou socioculturais, à falta de informação sobre a sua manutenção e fisiologia reprodutiva, e ao longo período de maturação das plantas disponíveis para a maioria das espécies.

O relatório nacional sobre o estado dos recursos fitogenéticos para a alimentação e a agricultura no Azerbaijão (2006) explica que a desflorestação de florestas e arbustos para lenha ou construção, a salinização dos solos nas planícies, a irrigação de terras com águas fluviais contaminadas e a expansão intensiva da agricultura e da pecuária estão a causar sérias restrições que, dia após dia, estão a reduzir a diversidade da flora selvagem. A diversidade de certas plantas utilizadas pelas populações com pouca importância industrial ou comercial está também ameaçada de declínio. Sarumi *et al* (1995) constataram que a maior parte dos frutos e legumes cultivados regularmente na Nigéria são espécies exóticas e que as espécies indígenas encontradas em estado selvagem nas florestas continuam a ser subexploradas. Tilman e Lehman (2001) indicaram que as alterações ambientais podem ser uma causa mais importante de extinção de espécies a nível mundial do que a destruição direta de habitats. Explicou ainda que, devido à fisiologia, morfologia e história de vida destas plantas, a extinção resultaria no facto de cada espécie ser um concorrente superior para uma dada combinação de condições ambientais.

Segundo os agricultores de Esa-Odo, no estado nigeriano de Osun, a baga da serendipidade é um fruto silvestre que cresce espontaneamente numa floresta densa. Cresce durante a estação das chuvas e fornece um excedente entre agosto e novembro. Atualmente, é quase impossível encontrar a baga da serendipidade devido ao aumento da população e à transformação da maioria das áreas florestais em zonas residenciais. Outro grande problema que leva à redução da germinação da serendipity berry são as condições climatéricas desfavoráveis, tais como temperaturas e precipitações excessivas, que provocam o apodrecimento e a murchidão da baga. De acordo com os agricultores, a desflorestação e a utilização de pesticidas também contribuíram para o declínio da produção de bagas. A baga serendipity tem potencial para produzir frutos enxertados.

açúcar na nossa alimentação e poderia ser utilizado para enriquecer outros alimentos.

Quadro 1: Baía da serendipidade
Referências

Sarumi, M.B., Ladipo, D.O., Denton, L., Olapade, E.O., Badaru, K. e Ughasoro, C. (1995). Nigeria: Country report for the FAO International Technical Conference on Plant Genetic Resources (Leipzig, 1996). Ibadan, pp. 1-104.

Babatola, J. O. e Adelaja, B.A. (1999). Árvores fruteiras indígenas e menos usadas para o novo milénio na Nigéria. In: Genetic and food security in Nigeria in the twenty-first century (Segurança genética e alimentar na Nigéria no século XXI). Editado por G. Olaoye e D. O. Ladipo. Sociedade Genética da Nigéria. Pp.99-108.

Thuiller W. (2007) Biodiversity-climate change and the ecologist. Nature 448: 550-552

Azerbaijan: National report on the state of plant genetic resources for food and agriculture in Azerbaijan. Baku - dezembro de 2006. p. 1-58

Centro Nacional de Recursos Genéticos e Biotecnologia (2008). Nigéria: The State of Plant Genetic Resources for Food and Agriculture in Nigeria (1996-2008). Um relatório nacional. Centro Nacional de Recursos Genéticos e Biotecnologia, Ibadan / Ministério Federal da Agricultura, Abuja Nigéria. p. 1-50. outubro de 2008

Davies, T.J., Smith, G.F., Bellstedt, D.U., Boatwright, J.S., Bytebier, B., Cowling, R.M., Forest, F., Luke J. Harmon, L.J., Muasya, A.M., Schrire, B.D., Steenkamp, Y., Bank, M. e Savolainen, V. (2011). O risco de extinção e a diversificação estão ligados num hotspot de biodiversidade vegetal. PLoS Biol 9(5): e1000620. doi:10.1371/journal.pbio.1000620

Fmenv (2006). Nigeria First national Biodiversity Report, Ministério Federal do Ambiente, Abuja, Nigéria.

Tilman, D., Lehman, C. (2001). Alterações ambientais induzidas pelo Homem: Efeitos na diversidade e evolução das plantas. Proc Natl Acad Sci USA 98(10): 5433-5440.

Kafkas, E.; Kosar, M.; Turemis, N.; Baser, K.H.C. (2006). Análise do teor de açúcar, ácido orgânico e vitamina C de genótipos de amora-preta da Turquia. Food Chemistry, v.97, p.732-736, DOI : 10.1016/j.foodchem.2005.09.023.

Tosun, M., Ercisli, S., Karlidag, H. e Sengul, M. (2009). Caracterização da framboesa vermelha (

Rubus idaeus L.) nas suas propriedades físico-químicas. Journal of Food Science, v.74, p.575-579, 2009. DOI : 10.1111/j.1750-3841.2009.01297.x.

Remberg, S.F., Mage, F., Haffner, K. e Blomhoff, R. (2007). Mirtilos Highbush *Vaccinium corymbosum* L., *framboesas Rubus idaeus* L. e groselhas *Ribes nigrum* L. - Influência da variedade na atividade antioxidante e outros parâmetros de qualidade. Ata Horticulturae, v.744, p.259-266, 2007

Milivojevic, J., Rakonjac, V., Aksic, M.F., Pristov, J.B. e Maksimovic, V. (2013). Classificação e impressão digital de diferentes bagas com base em perfis bioquímicos e capacidade antioxidante. Pesq. Agropec. Bras, BrasHia, v.48, n.9, p.1285-1294 DOI : 10.1590/S0100-204X2013000900013

CAPÍTULO DOIS

Frutos silvestres comestíveis - domesticação e limites

[1]Bamigboye, T.O. e Kayode, J.[2]

[1]Departamento de Tecnologia de Produção Vegetal, Federal College of Forestry, Ibadan.

Estado de Oyo

[2] Departamento de Fitotecnia e Biotecnologia, Universidade Estatal de Ekiti, Ado Ekiti,

Nigéria

Em muitos países tropicais, as populações rurais colhem tradicionalmente uma grande variedade de vegetais de folha, raízes, tubérculos e frutos na natureza, porque são apreciados, usados culturalmente, usados como suplementos dietéticos ou para aliviar a escassez de alimentos. As plantas silvestres, descritas como alimentos para a fome, têm o potencial de garantir a segurança alimentar e os rendimentos dos agregados familiares (Guinand e Dechassa, 2000, Kebu e Fassil, 2006). Ainda hoje, a apanha de frutos silvestres é uma prática comum na Europa mediterrânica, tal como a apanha de cogumelos silvestres no norte da Europa (Pardo-de-Santayana *et al.*, 2007). Os alimentos vegetais não-cereais das florestas contribuem significativamente para a dieta das populações locais em África (Getachew *et al.*, 2005). Nas zonas rurais de muitos países em desenvolvimento, os frutos silvestres são frequentemente os únicos frutos consumidos, uma vez que as pessoas não têm meios para comprar frutos cultivados como maçãs, uvas, romãs ou laranjas (Ajay *et al.*, 2012).

A fruta é frequentemente uma parte importante da dieta humana. Algumas são consumidas como um deleite refrescante, outras como parte de uma refeição. Seja qual for a forma como são consumidas, são valiosas pelos minerais e vitaminas que contribuem para a dieta (Bassey, 2012).

Na África Subsaariana, a investigação sobre os frutos silvestres desenvolveu-se consideravelmente e o seu papel na redução da pobreza foi reconhecido (Mithofer e Waibel, 2003). De facto, poucas pessoas se preocupam seriamente com os frutos silvestres, isto é, os frutos que crescem em áreas arborizadas e que foram ignorados durante muito tempo, sendo os seus únicos consumidores o gado, os animais selvagens e as aves. Alguns têm um excelente aroma, um perfume atrativo e um sabor delicioso (Pantastico, 1975). Verificou-se que alguns frutos silvestres têm um valor nutritivo melhor do que os frutos cultivados (Eromosele *et al.*, 1991; Maikhuri *et al.*, 1994).

Apesar da dimensão deste recurso, os frutos silvestres raramente são incluídos nas medidas de desenvolvimento. Quando muito, é-lhes dado um tratamento hortícola superficial. Para além das listas em volumes taxonómicos, a riqueza de frutos silvestres de África é largamente desconhecida dos cientistas. Apesar da falta de investigação, os frutos silvestres continuam a desempenhar um papel crucial na África rural, constituindo um elo importante de uma cadeia alimentar frágil para as crianças mais pequenas. De facto, ao contrário da maioria dos cereais e legumes, a fruta geralmente não precisa de ser cozinhada, não requer a intervenção de um adulto e, além disso, é saborosa - é particularmente popular entre as crianças. Este facto é importante porque as crianças são as principais vítimas da subnutrição (PAN, 2008).

Nos últimos anos, tem havido um interesse crescente em estudar as propriedades nutricionais de várias plantas silvestres comestíveis (Nazarudeen, 2010; Aberoumand e Deokule, 2009; Musinguzi *et al.*, 2007; Nkafamiya *et al.*, 2007; Glew *et al.*, 2005). Pennarrieta *et al* (2009) estudaram morangos silvestres, que apresentavam valores mais elevados de capacidade antioxidante total (TAC) do que as espécies cultivadas. Para além do seu valor alimentar, os frutos silvestres comestíveis são também comercializáveis e têm o potencial de melhorar os rendimentos das famílias (Campbell, 1986; Wilson, 1990).

Colheita, utilização e comercialização de frutos silvestres

A colheita, uso e comercialização de frutos silvestres são essenciais para a subsistência da maioria das comunidades rurais em toda a África (Akinnifesi *et al.*, 2007;

Leakey *et al.*, 2005) e podem dar uma contribuição crítica em tempos de fome e escassez de alimentos. A gestão cuidadosa das árvores semi-domesticadas nas explorações agrícolas e nas explorações agrícolas provou ser uma forma eficaz de reduzir os custos irrecuperáveis e de oferecer às famílias uma maior diversidade de espécies em termos das características desejadas dos frutos e das árvores (Kruse, 2006). Contudo, a colheita selvagem (extractos) e a colheita excessiva levaram, muitas vezes, à expansão do mercado e a dificuldades de abastecimento (Simons e Leakey, 2004).

Certas espécies de plantas frutíferas comestíveis no ecossistema da floresta tropical de planície do sudoeste da Nigéria contêm grandes quantidades de proteínas e vitaminas, particularmente as vitaminas A, B e C (Okafor, 1979; Akachuku, 1997). O seu consumo pode, portanto, melhorar a dieta destas populações e prevenir a subnutrição, o kwashiorkor e o marasmo nas crianças (Adekunle e Oyerinde, 2004). Os frutos também contêm uma percentagem muito elevada de água no seu peso fresco e têm uma atividade metabólica relativamente elevada em comparação com outras plantas consumidas pelos seres humanos. Embora algumas destas espécies de frutos sejam amplamente conhecidas, a maioria é ainda menos conhecida e, por conseguinte, é subutilizada. O seu consumo é apenas apreciado pelos habitantes das zonas rurais. Uma das principais características das florestas tropicais de planície onde se encontram estes frutos é a extraordinária diversidade da flora e da fauna. As condições climáticas favoráveis e a disponibilidade de solos férteis são as principais razões para esta riqueza (Adekunle e Oyerinde, 2004). Etukudo (2000) constatou que existe uma maior diversidade de árvores num pequeno hectare de floresta do que em toda a vegetação europeia.

Domesticação de frutos silvestres

A domesticação de plantas é um processo evolutivo que ocorre sob a influência das actividades humanas (Harlan, 1992). Ao longo do tempo, a seleção artificial leva a que as populações cultivadas se tornem morfológica e geneticamente distintas dos seus antepassados selvagens (Clement, 1999; Emshwiller, 2006; Pickersgill, 2007). O processo de domesticação conduz a um contínuo de populações de plantas que vão desde plantas selvagens exploradas a populações domesticadas incipientes e populações cultivadas que não podem sobreviver sem intervenção humana (Clement, 1999; Pickersgill, 2007; Clement *et al.*, 2010).

A domesticação de árvores de fruto silvestres tornou-se um processo conduzido pelos agricultores e tornou-se uma iniciativa agroflorestal importante nas regiões tropicais (Akinnifesi *et al*, 2006; Tchoundjeu *et al*, 2006; Leakey *et al*, 2005). Existe um entusiasmo crescente entre investigadores e criadores para explorar o potencial das árvores de fruto silvestres para satisfazer as necessidades alimentares humanas.

A domesticação envolve uma estratégia de longo prazo, intensiva e integrada de seleção e melhoramento de árvores para a promoção, utilização e comercialização de produtos seleccionados e a sua integração em práticas agroflorestais (Akinnifesi *et al.*, 2006). A domesticação de muitas espécies de árvores para a produção de alimentos e outros produtos tem sido praticada há milhares de anos em quase todas as regiões do mundo, remontando frequentemente à exploração por povos indígenas (Homma, 1994). As iniciativas actuais de domesticação de árvores agroflorestais baseiam-se nos esforços de pequenos agricultores que, ao longo de várias gerações, melhoraram o tamanho de alguns dos principais frutos nativos, dando assim os primeiros passos para a domesticação (Leakey *et al.*, 2004). Os programas de investigação sobre a domesticação de árvores agroflorestais, particularmente para a produção de produtos florestais não lenhosos, foram iniciados na década de 1980 (Leakey *et al.*, 1982) e desenvolvidos num programa mundial na década de 1990 (Leakey e Newton, 1994a, 1994b; Leakey e Simons, 1998).

A domesticação não se limita às espécies arbóreas, uma vez que estão também a ser desenvolvidas várias novas plantas herbáceas (Smartt e Haq, 1997). Muitas variedades de legumes autóctones são susceptíveis de domesticação (Guarino, 1997; Schippers, 2000;

Schippers e Budd, 1997; Sunderland *et al.*, 1999) e podem fazer parte de sistemas multicamadas em que há necessidade de novas plantas tolerantes à sombra.

A investigação sobre a domesticação participativa de árvores indígenas na África Ocidental e Central começou em 1996, com o objetivo de aumentar os rendimentos das comunidades rurais e melhorar as suas condições de vida através do cultivo de árvores indígenas e do desenvolvimento de estratégias de comercialização dos produtos. Estes estudos foram efectuados na República Democrática do Congo, na Guiné Equatorial, no Gabão e na Nigéria (Tchoundjeu *et al.*, 2010). O programa de domesticação é orientado para o mercado e gerido pelos agricultores, mas também inclui componentes de investigação e desenvolvimento. Todos os aspectos estão intimamente ligados, mas exigem abordagens e filosofias diferentes (Akinnifesi *et al.,* 2004a).

As abordagens participativas à domesticação de árvores incluem as seguintes fases:

1) . Seleção de espécies de árvores de fruto silvestres com base nas preferências dos agricultores e nas tendências do mercado.

2) . Identificação de espécies superiores ou elitistas com base em critérios definidos pelos utilizadores, distribuidores e mercado.

3) . Integração de germoplasma melhorado nos sistemas agrícolas.

4) . Investigação sobre o tratamento pós-colheita, a transformação e a comercialização de produtos frescos e transformados de espécies domésticas.

Para desenvolver um mecanismo adequado de transferência de técnicas de domesticação de árvores para os utilizadores, uma equipa de investigação nos Camarões optou por trabalhar diretamente com as comunidades locais e promover a utilização dos conhecimentos locais na seleção de árvores de fruto indígenas com excelentes características de frutos e nozes. Esta abordagem permitiu que as comunidades locais participassem na domesticação de árvores para promover a autossuficiência alimentar e/ou um melhor valor nutricional, e para gerar rendimentos e emprego. Atualmente, há cada vez mais provas de que a agrofloresta em geral e a domesticação de espécies frutíferas nativas em particular podem ajudar as comunidades rurais a tornarem-se auto-suficientes e a alimentarem as suas famílias numa área inferior a 5 ha. Como resultado, a domesticação de espécies nativas de frutas e nozes é agora reconhecida como um componente importante da agrofloresta, que tem um impacto significativo na redução da pobreza, desnutrição e fome (Asaah e Tchoundjeu, 2012).

Limites à domesticação de espécies frutícolas selvagens

Avana *et al* (2004) constataram que o potencial destas espécies frutícolas nativas não estava a ser totalmente explorado devido a uma série de restrições:

Os agricultores enfrentam problemas de propagação. Muitas árvores fruteiras nativas têm uma produção irregular e/ou baixa de sementes, e as sementes caracterizam-se por uma baixa taxa de germinação e dormência.

As árvores de fruto silvestres nativas demoram geralmente muito tempo a produzir frutos, criando um desfasamento considerável entre o investimento e os fluxos de rendimento, o que desencoraja os agricultores de investir em árvores nativas.

Os agricultores também não têm conhecimentos sobre a plantação e a gestão das árvores. Densidades de árvores inadequadas e práticas de gestão deficientes conduzem frequentemente a rendimentos abaixo do ótimo e, por conseguinte, a uma baixa produção.

Muitas vezes, os agricultores não conseguem satisfazer as exigências específicas do mercado. Os mercados oferecem geralmente melhores preços para os frutos com determinadas características de sabor e tamanho e recompensam os produtos fora de época, mas os agricultores não podem satisfazer estas exigências nem reagir.

Os produtores das zonas rurais enfrentam custos de comercialização elevados. Tal deve-se a infra-estruturas de mercado e de transporte subdesenvolvidas, tais como estradas em mau estado, controlos rodoviários abusivos, etc.

As famílias rurais também não são capazes de acrescentar valor aos seus produtos, o que leva a perdas significativas após a colheita e as impede de conquistar novos mercados.

A domesticação deve fornecer soluções para os problemas acima mencionados. É por isso que o ICRAF e os seus parceiros estão a desenvolver uma nova abordagem, mais participativa, para a domesticação de espécies agroflorestais de qualidade nos trópicos húmidos da África Ocidental e Central. Esta abordagem compreende uma série de etapas nas quais os agricultores estão ativamente envolvidos: Priorização de espécies de árvores, recolha de germoplasma, propagação vegetativa de indivíduos superiores identificados com um esforço tecnológico mínimo, caraterização genética de produtos comercializáveis para consumo e processamento, integração de árvores em agroflorestas geridas por agricultores de subsistência e extensão de mercados para produtos de árvores agroflorestais (Sanchez e Leakey, 1997; Leakey e Simons, 1998). A domesticação participativa de árvores é um processo de aprendizagem que enfatiza o desenvolvimento da capacidade local de experimentação, o acesso a oportunidades de mercado e a gestão sustentável dos recursos naturais (Tchoundjeu, *et al.*, 1999).

A procura de edulcorantes naturais levou a uma investigação intensiva de espécies com propriedades adoçantes (Obioh e Isichei 2007), como a *Dioscoreophyllum cumminsii*.

Baga da serendipidade *(Dioscoreophyllum cumminsii* (Stapf) Diels)

A Dioscoreophyllum cumminsii (Stapf) Diels é uma planta trepadeira anual, dióica e bissexual que cresce na vegetação rasteira das florestas de folha caduca na África Ocidental. Os frutos e os tubérculos subterrâneos são intensamente doces e comestíveis.

Descrição

A baga da serendipidade (*Dioscoreophyllum cumminsii*) é uma planta nativa da África Ocidental cujos frutos são importantes como adoçantes (Adansi e Holloway, 2014). Trata-se de uma erva de corte esguia, com a maioria das partes cobertas de pêlos claros. A folha tem 10-20 cm de comprimento e largura, contorno ovado-triangular, nitidamente trilobada, com nervuras 7-9 vezes a partir da base, amplamente em forma de coração; pecíolos com

615 cm de comprimento. As flores são cachos auxiliares unissexuais; os cachos masculinos têm até 30 cm de comprimento e os cachos femininos até 10 cm. O fruto é uma drupa de até 3,5 cm de comprimento (Flora of Zimbabwe, 2016).

Dioscoreophyllum cumminsii (Stapf) Diels é um membro da família Menispermaceae (Semente da Lua). É uma trepadeira com folhas em forma de coração (Inglett 1981, Kayode e Bamigboye 2016). A espécie tem um ciclo de vida complexo; os machos reproduzem-se assexuadamente por tubérculos subterrâneos, o que pode ter tido um impacto na variabilidade genética da espécie, enquanto as fêmeas se reproduzem sexualmente por sementes (Obioh e Isichei 2007). *A D. cumminsii brota* de tubérculos subterrâneos ou de sementes que germinam, florescem, formam botões e inflorescências no início da estação das chuvas, entre abril e maio, seguindo-se a frutificação das plantas femininas no final de julho e início de agosto. As bagas formadas nas partes basais da videira peluda amadurecem de setembro a outubro, enquanto a vegetação acima do solo morre no início da estação seca, entre novembro e dezembro (Oselebe *et. al.* 2004). Na Nigéria, cresce nas zonas de floresta tropical relativamente pouco perturbadas do sul da Nigéria. A planta é muito pouco estudada e pouco explorada (Isikhuemen *et. al.* 2015). Descobriu-se que possui algumas propriedades únicas. É uma fonte potencial de adoçantes sem hidratos de carbono, uma vez que o seu ingrediente ativo, a monelina, é 3.000 vezes mais doce do que o açúcar e é útil em dietas de baixas calorias para diabéticos e pessoas em dieta, na luta contra a cárie dentária e como adoçante proteico na indústria alimentar (Holloway 1977).

Classificação científica

Reino: plantas (não classificado) : Angiospérmicas (não classificadas): Eudicotiledóneas

Ordem: Ramiculata Família: Menispermaceae Género: *Dioscorephylum*

A espécie. *D. cumminsii*

Composição proteica das bagas da serendipidade

O fruto contém monelina, uma proteína intensamente doce que pode ser utilizada como substituto do açúcar para os diabéticos (Oselebe e Nwankiti, 2005). Para os humanos, a monelina é 100.000 vezes mais doce do que a sacarose (I lerw, 2006). Até à data, foram descritas cinco proteínas doces de alta intensidade: Monellin, Thaumatin, Pentadin, Mabinline e Brazzein. A monelina tem um peso molecular de 10,7 kDa. Tem duas cadeias polipeptídicas ligadas de forma não covalente, uma sequência de cadeia A com 44 resíduos de aminoácidos e uma cadeia B com 50 resíduos (Glew et. al., 2005).

A monelina tem uma estrutura secundária constituída por cinco cadeias beta que formam uma folha beta antiparalela e uma hélice alfa com 17 resíduos. Na sua forma natural, a monelina é constituída por duas cadeias (A e B, com 44 e 50 aminoácidos, respetivamente), mas é instável a temperaturas elevadas ou a níveis de pH extremos. Para aumentar a sua estabilidade, foram criadas proteínas de monelina de cadeia única, nas quais as duas cadeias naturais estão ligadas (Yong et al., 2009). O ião sulfato no lado convexo da proteína é de particular interesse, uma vez que é adjacente a uma área de potencial de superfície positiva que pode ser importante para interacções electrostáticas com o recetor negativo de doçura.

A monelina é considerada doce pelos seres humanos e por alguns primatas do Velho Mundo, mas não é preferida por outros mamíferos. A doçura relativa da monelina varia entre 800 e 3000 vezes mais doce do que a sacarose, consoante a doçura com que é comparada. De acordo com os relatórios, é 15002000 vezes mais doce do que uma solução de sacarose a 7% numa base de peso e 800 vezes mais doce do que a sacarose (Yong et al., 2009).

A monelina tem um início de doçura lento e um sabor residual persistente. Tal como a miraculina, a doçura da monelina é dependente do pH; a proteína é insípida abaixo do pH 2 e acima do pH 9. A mistura da proteína edulcorada com edulcorantes a granel e/ou intensos reduz a doçura persistente e tem um efeito edulcorante sinérgico. O calor acima de 50°C a um pH baixo desnatura as proteínas monelinas, resultando numa perda de doçura (Kebu e Fossil, 2006).

Determinação do valor nutricional

A população mundial, em constante crescimento, necessita de um aumento paralelo das fontes de alimentação humana e animal. A segurança alimentar está ameaçada se depender apenas de algumas culturas tradicionais e animais domésticos (Hegazy *et al.,* 2013). Uma dieta rica em frutas e legumes aumenta a concentração de antioxidantes no sangue e nos tecidos do corpo e pode proteger contra danos oxidativos nas células e nos tecidos (Yahia, 2010).

As frutas e os legumes são geralmente aceites como boas fontes de nutrientes, tais como minerais e vitaminas (Onuekwe, 2012) e como suplementos alimentares. A alta incidência de desnutrição, particularmente em crianças, é considerada a principal causa das formas mais comuns de anemia em crianças, mulheres grávidas e mães lactantes. Pamploma-Rogers (2004) verificou que a fruta e os legumes estavam associados ao tratamento da anemia, uma vez que são ricos em vitaminas e minerais.

Em muitos países tropicais, as populações rurais colhem tradicionalmente uma grande variedade de vegetais de folhas, raízes, tubérculos e frutos selvagens pelo seu sabor, uso cultural, como suplementos alimentares ou para aliviar a escassez de alimentos. Estas plantas silvestres, conhecidas como alimentos para a fome, têm o potencial de fornecer alimentos e rendimentos para as famílias (Guinand e Dechassa, 2000; Kebu e Fassil, 2006). Contribuem significativamente para a alimentação das populações locais em África (Getachew *et al.,* 2005). Nas zonas rurais de muitos países em vias de desenvolvimento, os frutos silvestres são, muitas vezes, a única fruta consumida, visto que as pessoas não têm dinheiro para comprar fruta cultivada, como maçãs, uvas, romãs ou laranjas. Na Índia, os frutos silvestres indígenas desempenham um papel importante no fornecimento de alimentos e nutrição às populações rurais pobres e tribais. Verificou-se que alguns frutos silvestres têm melhor valor nutritivo do que os frutos cultivados (Eromosele *et. al.,* 1991; Maikhuri *et al.,* 1994). Como resultado, tem havido um interesse crescente no estudo de diferentes plantas silvestres comestíveis pelas suas propriedades nutricionais (Glew *et al.,* 2005; Musinguzi *et al.,* 2007; Nkafamiya *et al.,* 2007; Aberoumand e Deokule, 2009; Nazarudeen, 2010). O inventário dos recursos alimentares selvagens e a informação etnobotânica sobre a sua adaptabilidade, combinados com uma avaliação nutricional, só podem estabelecer espécies não cultivadas como substitutos de espécies domesticadas ou cultivadas. O estudo de plantas de diferentes regiões de florestas tropicais através da análise dos seus componentes pode levar à seleção de espécies selvagens valiosas que podem ser estabelecidas como variedades cultivadas através do melhoramento vegetal e da hibridação (Ajay, *et al.*, 2012).

Bamigboye e Kayode, 2016a, relataram a composição nutricional de *Dioscoreophyllum cumminsii*. [0][0]Os frutos maduros de *D. cumminsii* (baga da serendipidade) foram colhidos em Orin-Ekiti (7 83'22 "N, 5 23'81 "E, altitude: 456), Área do Governo Local de Ido-Osi do Estado de Ekiti, Nigéria. Os frutos foram colhidos à mão em plantas individuais seleccionadas aleatoriamente de uma população e reunidos numa única amostra. Todos os frutos colhidos estavam na fase óptima de maturação e pareciam externamente saudáveis. As amostras recolhidas foram transportadas para o laboratório do Departamento de Agronomia da Universidade de Ibadan, Ibadan, Nigéria, para análise da composição proximal e mineral. Estas análises foram efectuadas no prazo de um mês após a colheita.

Os resultados mostraram que os componentes químicos eram mais elevados nas sementes do que nas bagas, enquanto o teor de humidade das bagas era mais elevado do que o das sementes. Além disso, as bagas continham quantidades relativamente elevadas de potássio, cálcio, magnésio e sódio, bem como quantidades significativas de fósforo, ferro, zinco e cobre, sendo o cálcio o mais concentrado.

Utilizações da baía de serendipity

A polpa mucilaginosa intensamente doce é considerada a substância natural mais doce que se conhece. É recomendada como um substituto do açúcar sem hidratos de carbono e pode ser armazenada à temperatura ambiente durante vários dias ou semanas sem perder a sua doçura. A raiz, que é pequena e semelhante ao inhame, pode ser consumida como as batatas (Nazarudeen, 2010).

Utilização médica

A raiz é considerada um estimulante sexual, a casca afiada da raiz é utilizada para curar feridas e o caule amolecido e sem pêlos é aplicado como ligadura em membros inchados. O sumo viscoso do caule é utilizado como cataplasma para remover abcessos e espinhos e como lavagem contra doenças venéreas (Yong *et. al.*, 2009).

A baga Serendipity como adoçante

A monelina pode ser útil para adoçar certos alimentos e bebidas, uma vez que é uma proteína que se dissolve facilmente na água devido às suas propriedades hidrofílicas. No entanto, a sua utilização é limitada, uma vez que desnatura a altas temperaturas, tornando-a inadequada para alimentos processados. Poderia ser interessante como adoçante sem hidratos de carbono na forma de comprimidos, particularmente para diabéticos que precisam de controlar a sua ingestão de açúcar. Além disso, a extração da monelina do fruto é dispendiosa e o cultivo da planta é difícil (Aberoumand e Deokule 2009).

Referências

Abad, M., P. Noguera, R. Puchades, A. Maquieira e V. Noguera, 2002. Física e química propriedades químicas de certos pós de fibra de coco destinados a serem utilizados como substitutos da turfa para plantas ornamentais em contentores. Bioresour. Technol. 82: 241-245.

Abbott, L.K. e Murphy, D.V. (2007). What is soil biological fertility? in: Abbott L.K., Murphy D.V. (Eds.), Soil biological fertility - A key to sustainable land use in agriculture, Springer, pp. 1-15, ISBN 978-1-4020-6619-1.

Aberoumand, A. e Deokule, S. S. (2009). Estudos sobre o valor nutricional de algumas plantas silvestres comestíveis.

Plantas provenientes da acidez dos frutos de certas plantas silvestres. Alimento das plantas. Hum. Nutr. 41: 151-154. Irão e Índia. Pak. J. Nutrition, 8(1): 26-31.

Adams, B. A., Osikabor, B., Abiola, J. K., Jaycobs, O. J. e Abiola, I. O., (2003). Effect of

Different Growing Media on the Growth of Dieffenbachia maculata in Actas da 21ª Conferência Anual da Sociedade de Horticultura da Nigéria (HORTSON). Pp. 134-135.

Adansi, M. A. e Holloway, H. L. O. 2014: Germinação de sementes e estabelecimento de Baga da serendipidade *(Dioscoreophyllum cumminsii Diels): ISHS Ata Horticulturae 53: IV Simpósio Africano sobre Culturas Hortícolas. Obtido em março de 2014 em* www.actahort.org

Adansi, M.A. e Holloway, H.L.O. (1977). Germinação de sementes e estabelecimento da baga da serendipidade, Dioscoreophyllum cumminsii. Diels. Ata Horticulturae, 53:407-411.

Nigéria. Seminário nacional sobre agricultura em grande escala. Ministério Federal da Agricultura e dos Recursos Naturais, Lagos.

Adekunle, V. A. J., e Oyerinde O. V. (2004). O potencial alimentar de alguns frutos silvestres indígenas no ecossistema da floresta tropical de planície do sudoeste da Nigéria. *Journal of Food Technology*, 2 (3): 125130.

Ajay Kumar Mahapatra, Satarupa Mishra, Uday C Basak e Pratap C Panda (2012). Análise nutricional de frutos silvestres comestíveis seleccionados de florestas decíduas da Índia: um estudo exploratório de bio-alimentos não convencionais. *Advance Journal of Food Science and Technology*, 4(1): 15-21, 2012 ISSN: 2042-4876© Maxwell Scientific Organization, 2012. Publicado em: 15 de fevereiro de 2012.

Akinnifesi, F. K., Kwesiga, F. R., Mhango, J., Mkonda, A., Chilanga, T. e Swai, R. (2004). Domesticação de árvores de fruto prioritárias de miombo indígena como uma opção promissora de rendimento para pequenos agricultores na África Austral. *Ata Horticulturae*, 632:15-30.

Akinnifesi F. K, Kwesiga F, Mhango J, Chilanga T, Mkonda A, Kadu CAC, Kadzere I, Mithofer D, Saka JDK, Sileshi G, Ramadhani T,Dhliwayo P (2006). Para o desenvolvimento de árvores de fruto de miombo como uma cultura comercial de árvores na África Austral.

Para, Árvores Meios de Subsistência 16 : p. 103-121

Akinnifesi, F.K., Ajayi O.C., Sileshi, G., Kadzere, I. e Akinnifesi A.I. (2007). Domesticação e comercialização de culturas autóctones de árvores de fruto e nozes para segurança alimentar e geração de rendimentos na África Subsariana: Documento apresentado no Simpósio Internacional New Crops. Simpósio Internacional, 3-4 de setembro de 2007, Southampton, Reino Unido.

Akinsehinwa, O. E. (2007). Interação entre a fragmentação das explorações agrícolas e a produtividade agrícola no Governo Local de Yewa North do Estado de Ogun. Inédito B. Agric. Tese não publicada. Departamento de Economia Agrícola, Universidade Olabisi Onabanjo, Ago-Iwoye.

Akintoye, H. A., Adeoluwa, O. O. e Akinkunmi, O. Y. (2013). Efeito de diferentes meios de crescimento no crescimento e floração da Begonia Beefsteak (*Begonia erythrophylla*). *Jornal de Horticultura Aplicada,* 15(1): 57-61

Aklibasinda, M., T. Tunc, Y. Bulut e U. Sahin (2011). Efeitos de diferentes meios de cultura na produção de pinheiro silvestre (*Pinus sylvestris*). *Journal Animal Plant Sciences,* 21(3): 535-541.

Anjah G. M., Focho A. D. e Dondjang J. P. (2013). Os efeitos da profundidade de sementeira e da intensidade da luz na germinação e no crescimento inicial de *Ricinodendron heudelotii* African. Jornal de Investigação Agrícola. Vol. 8(46), pp. 5854-5858, 27 de novembro, 2013 DOI : 10.5897/AJAR12.066, ISSN 1991-637X

Asaah, E., e Tchoundjeu, Z., (2012): Domesticação de culturas arbóreas indígenas africanas Escrito em 22 de fevereiro de 2012 p. 59

Avana ML, Tchoundjeu Z, Mbile P e Tsobeng AC (2004): Domesticação de árvores tropicais: desenvolvimento tecnológico, participação dos agricultores e impacto na utilização da terra. In: Temu AB, Chakeredza S, Mogotsi K, Munthali D e Mulinge R (eds).

2004. Rebuilding Africa's capacity to develop agriculture: the role of tertiary education. Contribuições revistas para o simpósio da ANAFE sobre o ensino agrícola terciário, abril de 2003. ICRAF, Nairobi, Quénia. S. 207-217

Bamigboye, T. O., Kayode J. (2016a). Efeito da intensidade da luz no crescimento de *Dioscoreophyllum cumminsii*. Portal de Pesquisa Científica Revista Internacional de Artigos Biológicos. *Revista Internacional de Artigos Biológicos* 2016; 1: 36-40

Bawa K. S., Ashton P. S., Salleh M. N., (1990). Ecologia reprodutiva de plantas florestais tropicais, questões de gestão. Em: Bawa K.S., Hadley M. (eds). Série Homem e Biosfera, Vol. 7. UNESCO/Parthenon publishing, Paris, Carnforth p. 313

Bassey, M. E., 2012: Frutos silvestres comuns do estado de Akwa Ibom, Nigéria e análises nutricionais de *Landolphia membranacea* (Stapf) pichon. *Revista Científica de Ciências Biológicas*, 1(4) : 86-90

Campbell, B. M. (1986). Food and Nutrition, 12, 28-44.

Chapman S. R., Carter L. P. (1976). Crop Production: Principles and Practices (Produção Agrícola: Princípios e Práticas). São Francisco: W.H. Freeman and Company. p. 146-163.

Clement, C. R., de Cristo-Araujo M., d'Eeckenbrugge G. C., Pereira A. A., Picango-Rodrigues, D. (2010). *Origem e domesticação de plantas nativas da Amazónia. Diversité, 2* : 72-106.

Clement, C. R., (1999). 1492 e a perda de recursos fitogenéticos da Amazónia. I. A relação entre a domesticação e o declínio da população humana. *Botânica Económica 53: 188-202.*

Copeland, L.O., McDonald, M.B. (1999). Principles of seed science and technology. Kluwer Academic Publishers Group, Dordrecht.

Cracker, W. e Barton, L.V. (1957). Seed Physiology. Chronica Botanica Co. Waltham, Massachusetts. Crosier, W.E. (ed.). 1970.

Revisão da cultura. Com (2016). Página inicial de Crop Farming para a intensidade da luz, copyright@ 2010-16

CropsReview.com e Ben G Bareja. Recuperado em 23/06/2016 @ www.Light Intensity in Plant

Crescimento e desenvolvimento.htm

Edmond, J. B., Senn T. L., Andrews, F. S., Halfacre, R. G. (1978). Fundamentals of Horticulture (Fundamentos da Horticultura). 4ª ed. McGraw-Hill, Inc. pp. 109-130.

Emshwiller E. (2006). *Genetic data and plant domestication (Dados genéticos e domesticação de plantas). Em Zeder M. A., Bradley D. G., Emshwiller E., Smith B. D., [eds.], Documenting domestication, 99-122.* University of California Press, Berkeley, Califórnia, EUA.

Eromosele, I. C., Eromosele, C. O. e Kuzhkzha, D. M. (1991). Avaliação do teor de minerais e ácido ascórbico nos frutos de algumas plantas silvestres. *Alimentação Vegetal Nutrição Humana*, 41 : 151-154

Etukudo, I., 2000. A floresta, o nosso tesouro divino. Éditions Dorand, Uyo- Nigéria. 194p.

Getachew, A., Kelbessa, U. e Dawit, D. (2005). Estudo etnobotânico de plantas comestíveis indígenas em distritos seleccionados da Etiópia. *Hum. Ecol.* 33(1): 83-118.

Glew, R. S., VanderJagt, D. J., Bosse, R., Huang, Y. S., Chuange L. T. e Glew, R. H. (2005). O teor de nutrientes de três plantas comestíveis da República do Níger. *J. Food Compos. Anal.* 18: 15-27.

Guarino, L. 1997: Traditional varieties of African vegetables. Roma, Itália: Instituto Internacional de Recursos Fitogenéticos.

Guinand, Y. e Dechassa, L. (2000). Indigenous food plants in southern Ethiopia: Reflections on the role of 'famine foods' in times of drought. Unidade de Emergências das Nações Unidas para a Etiópia (UNEUE), Adis Abeba;

Gupta, A. (2010). Tecnologias de armazenamento para melhorar a longevidade das sementes de arroz (*Oryza sativa* L.) das linhas parentais IR58025A e IR58025B do híbrido PRH-10. *Jornal de Ciências da África Oriental* 4(2): 106-113.

Harlan, J. R. (1992). *Cultivated plants and man. Sociedade Americana de Agronomia, Madison, Wisconsin, EUA.*

Hegazy, A. K, Al-Rowaily, S. L., Faisal1, M., Alatar1, A. A., El-Bana, M. I., & Assaeed, A. M. (2013). Valor nutricional e atividade antioxidante de algumas frutas silvestres comestíveis no Oriente Médio. *Jornal de Pesquisa de Plantas Medicinais,* 7(15): 938-946.

Hervé, (2006). *Molecular Gastronomy: Exploring the Science of Taste (Gastronomia Molecular: Explorando a Ciência do Gosto).* Columbia University Press. ISBN 978-0-231-13312-8.

Homma, A.K.O. (1994). Extrativismo vegetal na Amazônia: limites e possibilidades. Em M. Clusener-Godt e I. Sachs (eds) Extractivism in the Brazilian Amazon: Perspectives on regional development (pp. 34 - 57). MAB Digest 18, Man and the Biosphere. Paris: UNESCO. Inglett, G.E. (1981). Unusual sweeteners of plant origin, Food Technology, 35 (3) 31-41.

Isah, A.D, Bello, A.G., Maishanu, H.M e Abdullahi, S. (2013). Efeito do regime de rega Efeito do regime de rega no crescimento inicial de *Acacia senegal* (Linn) Willd. Provenances. Revista Internacional de Ciências Vegetais, Animais e Ambientais. 3(2), abril-junho, 2013

Isikhuemen O. Y., Nwaoguala C. N. C., Odewale J. O., Eke C. R., Isikhuemen E. M. e Shittu H. O., (2015). Respostas morfogenéticas in vitro do explante de sementes de *Dioscoreophyllum* cumminsii (Stapf) Diels.

Jack, A. (2016). Manual de economia de sementes de hortaliças. [th]Acedido em 5 de junho de 2016 http://www.howtosaveseeds.com/store.php#top,

Jawal, A. S., Hadiati, S., Susiloadi, A. e Indriyahi, N. L. P. (1998). Peengaruh medium Tumbuh. terhadap Peretumbuhan Semai Manggis (*Gacinal mangostana* L) J. *Stigma*, 6:213-218

Kayode J. e Bamigboye, T. O. (2016). Avaliação do cultivo e conservação de espécies frutíferas indígenas no Estado de Ekiti, Nigéria. *Journal of Agriculture and Ecology Research International* 7(3), 1-6. http://dx.doi.org/10.9734/JAERI/2016/24811.

Kebu, B. e Fassil, K. (2006). Estudo etnobotânico de plantas silvestres comestíveis nos distritos de Derashe e Kucha. Sul da Etiópia. *J. Ethnobiol. Ethnomed,* 2: 53.

Lajzerowicz, C. C., Wasters, M. B., Krasoursk, M., Massicotte, H. B. (2004). Light and temperature differentially limit the growth of subalpine fir and angel spruce seedlings in subalpine subforests. *Can. J. For. Res.* 34:249-260.

Leakey, R.R.B. e Newton, A.C. 1994a. Tropical Trees: Potential for Domestication, Rebuilding Forest Resources, HMSO, Londres. 284 páginas.

Leakey, R.R.B. e Newton, A.C. 1994b. Domestication of Tropical Trees for Timber and Non-timber Forest Product, MAB Digest No.17, UNESCO, Paris, 94pp.

Leakey, R.R.B. e Simons, A.J. 1998, The domestication and commercialization of indigenous trees in agroforestry for the alleviation of poverty, Agroforestry Systems, 38, 165176.

Leakey, R.R.B., Last, F.T. e Longman, K.A. 1982. Domestication of forest trees: a process to ensure the future productivity and diversity of tropical ecosystems. Commonwealth Forestry Review, 61, 33-42.

Leakey, R.R.B., Tchoundjeu, Z, Smith R.I., Munro,RC., Fondoun, J-M., Kengue, J., Anegbeh, P.O., Atangana, A.R., Waruhiu, A.N., Asaah, E., Usoro, C. e Ukafor, V. (2004).

Provas de que os agricultores de subsistência domesticaram frutos indígenas (Dacryodes edulis e Irvingia gabonensis) nos Camarões e na Nigéria. *Agroforestry Systems,* 60: 101-111.

Maikhuri, R. K., Semwal, R. L., Singh, A. e Nautiyal, M. C. (1994). Wild fruits as a contribution to sustainable rural development: a case study from Garhwal Himalayas. *Inter. J. Sustain. Dev. World Ecol.* 1: 56-68.

Musinguzi, E. L., Kikafunda J. K. e Kiremire B. T. (2007). Promoção de frutos silvestres indígenas comestíveis como complemento de raízes e tubérculos para aliviar a deficiência de vitamina A no Uganda. Actas do 13º Simpósio do ISTRC, pp: 763-769.

Conselho Nacional de Investigação. (2006). "Carité" Culturas Perdidas de África: Volume 2.

Nazarudeen, A. (2010); Composição nutricional de alguns frutos menos conhecidos utilizados pelas comunidades étnicas e pela população local de Kerela. Ind. *J. Traditional Knowl.* 9(2): 398-402.

Nkafamiya, I. I., Modibbo, U. U., Manji, A. J. e Haggai, D. (2007). Teor de nutrientes das sementes de algumas plantas silvestres. *Afr. J. Biotech,* 6(14): 1665-1669.

Obioh, G. I. B. e Isichei, A. O. (2007). Uma análise da viabilidade da baga Serendipity (*Dioscoreophyllum cumminsii*) numa floresta de folha caduca na Nigéria. *Modélisation écologique* 201(3-4): 558-562.

Okafor, J.C. (1980). Plantas lenhosas comestíveis indígenas na economia rural da zona florestal da Nigéria. *Forest Ecology and Management* 3: 45 - 55.

Pantastico, E. R. B. (1975). Post-harvest physiology, handling and utilization of tropical and subtropical fruits and vegetables (Fisiologia pós-colheita, manuseamento e utilização de frutos e legumes tropicais e subtropicais). The AVI Publishing Company Inc, pp. 29-31.

Pennarrieta, J. M., Alvorado, J. A., Bergenstahl, B., Akesson, B. (2009). Internacional. *Revue d'arboriculture fruitière*, 9, 344-351.

Sanchez PA e Leakey RRB. (1997): Land use change in Africa: three determinants for a balance between food security and natural resource use. *Jornal Europeu de Agronomia* 17: 1523.

Schippers, R.R. e Budd, L. (1997). Native African vegetables. Roma: IPGRI, e Inglaterra: Natural Resources Institute.

Schippers, R. R. (2000). Variedades indígenas de legumes africanos. An overview of cultivated species. Chatham, Reino Unido: Natural Resources Institute /ACP-EU Technical centre for Agricultural and rural Cooperation

Schreckenberg, K., Leakey, R.R.B e Z. Tchoundjen (2001). Opportunities and constraints for resource-poor farmers to invest in native tree planting and improvement to increase their incomes. *Boletim informativo* nº 32 da *Rede Europeia de Investigação sobre as Florestas Tropicais.*
www.Etfrn/newsletter/nl32-01p6.html.

Simons, A. J. e Leakey, R. R. B., 2004. Domesticação de árvores em agroflorestas tropicais.

Smartt, J. e Haq, N. (1997). Domestication, production and use of new crops, Southampton, Reino Unido, International Centre for Underutilised Crops.

Sunderland, T.C.H., Njiamnshi, A., Koufani, A., Ngo-Mpeck M.L., e Obama, C. (1997). Ecologia etnobotânica e distribuição natural da yohimbe (*Pausinystalia johimbe* K. Schum.) e avaliação da sustentabilidade das práticas actuais de colheita da casca e recomendações para domesticação e gestão. Um relatório preparado para o ICRAF.

Tchoundjeu, Z., Kengue, J. e R.R.B. Leakey (2002). Domesticação de *Darcryodes edulis*: estado da arte. Forests, Trees and Livelihoods 12: 3-13.
Tchoundjeu, Z., E.K. Asaah, P. Anegbeh, A. Degrande, P. Mbile, C. Facheux, A. Tsoberg, A.R. Atangana, M.L. Ngo-Mpeck e A.J. Simons (2006). Pôr em prática a domesticação participativa na África Ocidental e Central. Forests, Trees and Livelihoods 16: 53:-70.

Tchoundjeu, Z., Degrande, A., Leakey, R. R.B., Nimino, G., Kemajou, E., Asaah, E., Facheux, C., Mbile, P., Mbosso, C., Sado, T. & Tsobeng, A. (2010). Impacto da domesticação participativa de árvores nos meios de subsistência dos agricultores na África Ocidental e Central. Florestas, Árvores e Meios de Subsistência Volume 19, Número 3, 2010 Páginas 217-234 Publicado online : 04 abril 2012

Tchoundjeu Z, Duguma B, Tientcheu M.L. e Ngo-Mpeck M.L. (1999). Domesticação de árvores agroflorestais indígenas: a estratégia do ICRAF nos trópicos húmidos da África Ocidental e Central. In: Sunderland T.C.H., pg 43

Imprensa das Academias Nacionais (2008). Culturas Perdidas de África: Volume III: Frutos (2008)/Prev Capítulo Introdução aos Frutos Silvestres, Prev Página: 185/380

Thomsen, K. (2000). Manuseamento de sementes de árvores sensíveis à seca e à temperatura. Série de Notas Técnicas do DFSC. TN56. Danida Forest Seed Centre, Humlebaek, Dinamarca.

Wilson, K. B. (1990). Ecological dynamics and human well-being: a case study of population, health and nutrition in southern Zimbabwe. University College, Londres. S. 139-141.

Yahia, E. M. (2010). A contribuição do consumo de frutas e vegetais para a saúde humana. Phytochemicals: Chemistry, Nutritional and Stability (pp. 3 - 51). Wiley Blackwell Capítulo

Yong, Jean W. H., Liya Ge, Yan Fei Ng e Swee Ngin Tan (2009): Composição química e propriedades biológicas do coqueiro (*Cocos nucifera* L.) Wate Natural Sciences and Science Education Academic Group, Nanyang Technological University, 1 Nanyang Walk, 637616, Singapura Volume 14, Número 12, página 5144. Submetido: 3 de novembro de 2009 / Revisto: 3 de dezembro de 2009 / Adotado: 8 de dezembro de 2009 / Publicado: 9 de dezembro de 2009 pg 87

Flora do Zimbabué, 2016: http://www.zimbabweflora.co.zw/speciesdata/species.php?species_ id=123 [th]750. revisto em 17 nov, 2016

CAPÍTULO TRÊS

Multiplicar a baía da serendipidade

[1]Bamigboye, T.O. e Kayode, J.[2]

[1]Departamento de Tecnologia de Produção Vegetal, Federal College of Forestry, Ibadan.

Estado de Oyo

[2] Departamento de Fitotecnia e Biotecnologia, Universidade Estatal de Ekiti, Ado Ekiti,

Nigéria

As tentativas de criar grandes plantações de algumas espécies frutíferas tiveram pouco ou nenhum sucesso devido ao conhecimento silvicultural insuficiente sobre o tipo de plantação, o tipo de solo, os requisitos adequados de nutrientes, as técnicas de cultivo e o comportamento de crescimento precoce que garantem uma germinação eficiente das sementes (Akinyele, 2010). A germinação tardia no viveiro é um sério impedimento à gestão eficaz do viveiro. Tem sido relatado que o conhecimento da biologia reprodutiva é muito limitado para a maioria das espécies de árvores tropicais (Bawa *et al.,* 1990, National Research Council, 1991). No passado, o conhecimento detalhado foi limitado principalmente a espécies de árvores temperadas de importância económica, enquanto o conhecimento silvicultural da maioria das espécies nativas não lenhosas não progrediu para além da fase de observação inicial (Akinyele, 2010). É inevitável que muitas das espécies ameaçadas ou cuja diversidade genética está a desaparecer sejam as que têm atualmente menor importância económica e para as quais os conhecimentos são muito limitados.

Infelizmente, *D. cumminsii é* uma das espécies de plantas mais ameaçadas no país, uma vez que o seu habitat está a ser massivamente perdido e fragmentado. A sua conservação é agora necessária como um programa de salvamento (Obioh e Isichei, 2007). Os esforços para domesticar alguns destes frutos silvestres tiveram pouco ou nenhum sucesso devido ao conhecimento insuficiente dos seus métodos de cultivo, técnicas de criação e comportamento de crescimento precoce. Por conseguinte, os diferentes métodos silviculturais para a domesticação de *Dioscoreophyllum cumminsii* (baga da serendipidade) são apresentados no Quadro 1 e discutidos da seguinte forma:

Efeitos do pré-tratamento das sementes

Nwoboshi (1982) e Aminu (2012) descreveram as sementes como um componente-chave da produção vegetal, que tem uma grande influência no sucesso ou fracasso da regeneração natural e artificial. As sementes são de particular importância e constituem um elemento-chave nas medidas de proteção vegetal in situ e ex situ. No entanto, a multiplicação da maioria das espécies de plantas tropicais é dificultada pela germinação recalcitrante das sementes devido à dormência (Nwoboshi 1982, Amusa 2011). As sementes de muitas espécies não germinam bem a menos que sejam sujeitas a certas condições; este estado em que não germinam até que as condições necessárias sejam satisfeitas é chamado de dormência (Aminu 2012). No ambiente natural, essas condições podem ser a exposição ao fogo ou o consumo por animais. Quando as sementes são comidas, são expostas ao ácido clorídrico presente no estômago do animal, que quebra a dormência sem danificar a semente (Aminu, 2012).

O grau de dormência dificulta a germinação regular e correcta das sementes (Amusa 2011). O revestimento duro e impermeável das sementes constitui uma barreira à humidade e às trocas gasosas e uma limitação ao desenvolvimento da germinação em muitas leguminosas (Craker e Barton 1957, Latting 1961 e Villiers, 1972). Nwoboshi (1982) considerou a dormência como um obstáculo ao sucesso de uma empresa de cultivo cujo objetivo é obter o maior número possível de sementes que germinam no menor tempo possível. Cada semente normal contém um embrião (por vezes mais do que um) que se desenvolve numa plântula e tem um fornecimento de substâncias de reserva que mantêm a plântula durante as fases de crescimento do embrião antes de se tornar autossuficiente (Black e Halmer 2006).

Foram efectuados poucos estudos sobre a multiplicação de sementes de *D. cumminsii* (Okoro 1976, Okoro 1980, Holloway 1977, Adansi e Holloway 1977). O cultivo em massa e a multiplicação de *D. cumminsii* é difícil devido a problemas associados à dormência das sementes (Holloway 1977, Okoro 1980). Em habitats naturais, as sementes demoram cerca de 4 a 7 meses a germinar (Okoro 1976, Adansi e Holloway 1977). Bamigboye e Kayode (2016a) investigaram os efeitos de diferentes pré-tratamentos na germinação de sementes desta importante planta. Os pré-tratamentos incluíram sementes sem revestimentos de sementes, sementes intactas embebidas em ácido giberélico (GA3), sementes embebidas em GA3 durante uma hora e depois removeram os revestimentos gelatinosos, sementes embebidas em GA3 durante uma hora e depois removeram os revestimentos, e sementes embaladas em polietileno durante dois dias. As sementes intactas, semeadas diretamente sem qualquer tratamento, serviram de controlo.

Os resultados mostraram que as sementes cujos testículos foram removidos e as sementes impregnadas com GA3 durante 1 hora após a remoção dos testículos não germinaram, enquanto que as outras sementes tratadas e o controlo germinaram. Enquanto a germinação ocorreu nas primeiras 5 semanas para as sementes impregnadas com GA3 e para as sementes impregnadas com GA3 durante 1 hora das quais os envelopes gelatinosos foram removidos, a germinação não ocorreu até 9 dias para as sementes impregnadas com GA3 durante 1 hora das quais os envelopes gelatinosos foram removidos e após 10 dias para as sementes intactas impregnadas com GA3. Para as outras sementes tratadas, o crescimento surgiu após 11 a 15 semanas de experimentação. Após 25 semanas de experimentação, as sementes intactas impregnadas com GA3 apresentaram o maior grau de germinação e a germinação ocorreu no menor tempo experimental. Os resultados deste estudo indicam, portanto, que os pré-tratamentos são necessários para melhorar a germinação de sementes nesta espécie.

A influência do tamanho da semente

Kayode e Ogunleye (2008) constataram que a maioria das espécies nigerianas ameaçadas de extinção se reproduzem mal e raramente são encontradas na fase de plântula. Uma estratégia de conservação viável deve, portanto, considerar todas as características agronómicas que podem melhorar a capacidade reprodutiva das espécies frutíferas nativas. Uma dessas características é o tamanho da semente. Iniciativas recentes mostraram que o tamanho da semente é um indicador físico importante da qualidade da semente, que influencia o crescimento vegetativo (Ojo, 2000, Adebisi, 2004 e Ambika *et al.*, 2014). Num estudo realizado por Nerson (2002), verificou-se que existe uma ligação entre os parâmetros físicos das sementes e a sua qualidade. Para muitas espécies, foi encontrada uma vasta gama de efeitos diferentes do tamanho da semente na germinação, emergência e aspectos agronómicos associados (Ambika *et al.*, 2014).

Bamigboye *et al* (2016a) investigaram a influência do tamanho da semente na germinação de *Dioscoreophyllum cumminsii*. Neste experimento, 120 sementes foram selecionadas a partir das sementes de 10 plantas-mãe e divididas uniformemente em três classes de tamanho: grande, médio e pequeno, e os parâmetros morfológicos das sementes foram examinados. Os resultados mostraram que existem muitas variações morfológicas nas sementes desta espécie e que a germinação varia consoante o tamanho das sementes semeadas nos tabuleiros de germinação. Verificou-se que a germinação é diretamente proporcional ao tamanho das sementes, o que sugere que a utilização de sementes grandes pode ser benéfica nos esforços de multiplicação de sementes desta espécie.

Impacto dos regimes de irrigação

A água é um fator importante no crescimento, desenvolvimento e produtividade das plantas (Gbadamosi, 2014). A água é um fator-chave na germinação de sementes e pode influenciar a percentagem e a taxa de germinação. É essencial para a ativação de enzimas e para a degradação, movimento e utilização de substâncias de reserva (Shaban, 2013).

As plantas precisam de água para produzir hidratos de carbono e para transportar alimentos e minerais. Vários processos vitais das plantas, como a divisão celular, a expansão celular, o alargamento do caule e das folhas e a formação de clorofila, dependem da disponibilidade de água na planta (Price, *et. al.*, 1983). Como Levy e Krikum (1983) descobriram, a falta de água nas plantas abaixo de um nível crítico geralmente resulta em mudanças em todas as estruturas, levando à morte da planta.

Awodola (1984) descobriu que a redução do teor relativo de água afecta os processos fisiológicos e, por conseguinte, o crescimento das plantas. Da mesma forma, o excesso de água em relação às necessidades da planta pode retardar os processos fisiológicos da planta (Isha, *et. al.,* 2013).

As necessidades hídricas de uma planta dependem das características botânicas da planta, do seu estádio de crescimento e das condições meteorológicas prevalecentes. Vários critérios baseados no solo, na planta e em factores meteorológicos têm sido utilizados para estimar as necessidades hídricas das plantas (Sale, 2015). O impacto de um défice hídrico no rendimento (total ou económico) é o resultado integral dos seus efeitos no crescimento e noutros processos fisiológicos (Farah, 1996).

As espécies de plantas respondem de forma diferente à disponibilidade de água, e diferentes partes da planta também se adaptam de forma diferente a diferentes condições de stress hídrico. As sementes de muitas espécies de plantas são sensíveis ao stress da inundação durante a germinação (Sesay, 2009; Wuebker *et al.,* 2001; Sung, 1995), enquanto a inundação prolongada erradica algumas espécies mas favorece outras (Casanova e Brock (2000)). Seabloom *et al* (2001) verificaram que a profundidade da inundação também pode ter um impacto considerável na composição das espécies e na biomassa das plantas que se estabelecem. As raízes desempenham um papel importante na sobrevivência das plantas durante a seca (Hoogenboom *et al.,* 1987). Hsiao e Xu (2000) referiram que, quando há falta de água, o crescimento é ligeiramente inibido e o crescimento das raízes é favorecido em relação ao crescimento das folhas. As folhas das plantas que crescem num ambiente pobre em água são frequentemente pequenas, tanto em número como em tamanho.

Wilson e Witkowski (1998) estudaram a resposta de quatro espécies de árvores da savana africana, *Acacia karro, A. nilotica* (L.) Willd. ex Del, *A.* [th]*tortilis* (Savi) Brenan e *Mundulea sericeato, à* germinação e sementeira precoce com diferentes necessidades hídricas, tendo sido referido que manter o solo a 50% da capacidade de campo ou irrigar até à capacidade de campo de 9 em 9 dias foi suficiente para as plântulas de *A. nilotica* e *M. sericeato* com duas semanas de idade. Por outras palavras, a precipitação frequente, mas não necessariamente intensa, parece ser essencial para a germinação e sobrevivência das plântulas durante as primeiras 7 semanas de avaliação. Yoshida *et al* (2005), numa experiência sobre os efeitos dos regimes de rega em três fases de desenvolvimento (durante o transplante, imediatamente após o transplante e após o estabelecimento do transplante) de *Chin-guen-tsai* (grupo Brassica cam), observaram uma forte influência dos regimes de rega após o estabelecimento do transplante.

O baixo rendimento de algumas espécies na Nigéria pode ser atribuído à insuficiente informação fisiológica e silvícola sobre as espécies. A fim de domesticar *Dioscoreophyllum cumminsii de* forma adequada para a produção dos seus frutos altamente valiosos e preciosos (tal como referido por Bamigboye e Kayode, 2016b), existe, por conseguinte, uma necessidade urgente de descrever as suas características fisiológicas e silvícolas exigidas.

Foi realizada uma experiência para determinar os efeitos da irrigação na emergência e no crescimento inicial de *Dioscoreophyllum cumminsii.* As sementes obtidas de frutos recém-colhidos foram envolvidas em nylon de polietileno preto durante dois dias para permitir que a membrana gelatinosa se rompesse e as sementes verdadeiras aparecessem. [3]Cem (100) sementes frescas foram divididas em cinco partes e semeadas separadamente em serradura decomposta colocada em tabuleiros de germinação de plástico (32x24x12cm). Estas foram submetidas a cinco regimes de irrigação, nomeadamente: irrigação a 25 ml por semana (controlo) (T1); irrigação a 50 ml uma vez por semana (T2); irrigação a 50 ml duas vezes por semana (T3); irrigação a 100 ml uma vez por semana (T4); e irrigação a 100 ml duas vezes por semana (T5). A germinação foi observada durante dois meses após a primeira emergência, e todas as emergências foram contadas e registadas.

As plântulas do ensaio anterior foram plantadas no estádio de duas folhas em vasos de polietileno cheios de solo de viveiro. Um total de vinte e cinco (25) plântulas foram seleccionadas e dispostas num desenho completamente aleatório (CRD). Foram utilizados cinco sistemas e frequências de irrigação, nomeadamente: sem irrigação (controlo) (T_1); irrigação semanal com 50 ml (T_2); irrigação duas vezes por semana com 50 ml (T_3); irrigação semanal com 100 ml (T_4) e irrigação duas vezes por semana com 100 ml (T_5). A experiência foi repetida três vezes. As plântulas foram deixadas a estabilizar durante quinze dias, após o que se iniciou a avaliação de crescimento. A altura das plantas, o diâmetro do colo do caule, a produção de folhas por planta e a área foliar foram medidos mensalmente durante três meses.

As taxas de germinação mais elevadas foram observadas quando 50 ml de água foram aplicados duas vezes por semana. No entanto, as sementes regadas com uma quantidade reduzida de água (25 ml por semana) apresentaram uma percentagem de germinação fraca, indicando que um fornecimento reduzido de humidade não pode favorecer a germinação da espécie.

Enquanto as plântulas que não foram irrigadas (controlo) não sobreviveram para além do segundo mês, o maior crescimento foi observado nas plântulas irrigadas duas vezes por semana com 100 ml, enquanto as plântulas que receberam 50 ml uma vez por semana apresentaram a média mais baixa para todos os parâmetros avaliados.

Para a criação de plântulas em viveiro, isto significa que o abastecimento de água pode ser um constrangimento. Por esta razão, o sucesso da domesticação desta espécie no viveiro, onde a água é escassa, especialmente durante a estação seca, deve ser apoiado por um abastecimento mínimo mas regular de água.

Efeitos dos ambientes de crescimento

Em geral, o meio de cultura é considerado o fator mais importante na qualidade das plântulas em viveiro (Baiyeri e Mbah, 2006; Keyagha, *et. al.*, 2016), uma vez que actua como um reservatório de nutrientes e humidade (Grower, 1987; Dickens, 2011). Um bom meio de cultura é um pré-requisito para a produção de plantas saudáveis e bem-sucedidas (Adams *et al.*, 2003) e, de acordo com Hartmann *et al.* (2007), a germinação das sementes é influenciada por muitos factores, como o tipo de substrato utilizado, factores ambientais como o oxigénio, a água, a temperatura e, para algumas espécies de plantas, a luz.

O meio de cultura é o ambiente em que crescem as raízes das plantas cultivadas (Kampf, 2000). A sua função principal é apoiar o crescimento das plantas (Kampf, 2000; Robert, 2000). Baiyeri, 2005, refere que as propriedades físicas do meio de cultura podem ter uma grande influência no fornecimento de água e ar à planta em crescimento. Os meios de cultura são materiais semelhantes ao solo que suportam fisicamente as plantas durante o seu crescimento (Ekpo e Sita, 2010). No entanto, a composição e o estado nutricional dos meios de cultura (Khasa *et al.*, 2005; Carlie, 2008) são importantes para a produção de plantas de elevada qualidade. Lamont e Connell (1987) referiram que a qualidade das plantas cultivadas em contentores, em particular as plantas de interior, depende dos componentes físicos e químicos do meio, da adequação do ambiente de cultivo e dos procedimentos agronómicos necessários.

Akintoye *et al* (2013) descobriram que a escolha do meio de cultura mais adequado é muito importante para o sucesso da produção de plantas em vaso. Desempenha três papéis: suporta a planta no solo, mantém a água e os nutrientes disponíveis e permite que as raízes da planta recebam oxigénio suficiente (Ingram *et al.*, 2003). Um meio de cultura adequado deve não só possuir as propriedades físicas, químicas e biológicas exigidas pelas plantas, mas também oferecer as condições necessárias para a produção prática de plantas (por exemplo, facilidade de fornecimento, custo razoável, facilidade de processamento, facilidade e homogeneidade da produção de plantas) (Mathur e Voisin, 1996; Sahin *et al.*, 2002; Ingram *et al.*, 2003;

Sahin e Anapali, 2006). Os materiais orgânicos necessários para modificar certas propriedades físicas e químicas dos meios de cultura na produção vegetal incluem: a utilização de fertilizantes orgânicos, serradura, turfa, resíduos de papel, etc. (Cull, 1989; Shadanpour *et al* 2011;

Aklibasinda *et al.*, 2011). Beardsell e Nichols (1982) referiram que a composição física do meio de cultura pode ter um impacto profundo no fornecimento de água e ar à planta em crescimento. Pode também ter um impacto na capacidade de ancoragem, de retenção de nutrientes e de água do meio.

A utilização de substratos de crescimento adequados é essencial para a produção de culturas hortícolas de qualidade. Tem um impacto direto no desenvolvimento e subsequente manutenção do sistema de enraizamento funcional extensivo (Bhardwaj, 2014). Um bom meio de cultura fornece à planta ancoragem ou suporte suficiente, actua como reservatório de nutrientes e água, permite a difusão de oxigénio para as raízes e permite a troca de gases entre as raízes e a atmosfera fora do substrato radicular (Abad *et al.*, 2002). O substrato de envasamento utilizado no viveiro influencia a qualidade das plântulas produzidas (Agbo e Omaliko, 2006). A qualidade das plântulas do viveiro influencia a reintrodução no campo e a produtividade final de um pomar (Baiyeri, 2006).

Os meios de cultura também desempenham um papel importante na germinação das sementes (Bhardwaj, 2014). O meio de cultura não serve apenas como meio de crescimento, mas também como fonte de nutrientes para o crescimento das plantas. A composição do meio influencia a qualidade das plântulas (Wilson *et al.*, 2001).

Investigadores anteriores efectuaram vários estudos sobre meios de crescimento para diferentes espécies de frutos. O melhor crescimento de plântulas de mangueira foi obtido num meio de solo, comparado com outros meios (Jawal *et al.*, 1998). Baiyeri (2003) referiu que se obtiveram as melhores qualidades de plântulas de fruta-pão africana (*Treculia africana* Decne) quando cultivadas num meio formulado a partir de solo superficial +

estrume de aves domésticas + areia de rio, numa proporção de 1:2:3 (v/v/v). Ácidos húmicos (vermicomposto) aplicados ao meio aumentaram a altura da planta, a área foliar e o peso seco de pimentões, tomates e malmequeres (Arancon *et al.*, 2004). Bhardwaj (2014) relatou que o vermicomposto e o cocopeat poderiam ser usados com sucesso para a preparação de plantas de mamão.

Os obstáculos à domesticação incluem o longo período de maturação das sementes (Moss, 1995; Ladipo *et al.,* 1996), a baixa capacidade de germinação (Nya *et al.,* 2000), a variabilidade das características dos frutos e das sementes, a variabilidade do tamanho das árvores (Ladipo *et al.,* 1996, Schreckenberg *et al.,* 2001) e a base de conhecimentos limitada (Tchoundjeu et *al.,* 2002).

As baixas taxas de propagação de plântulas podem ser atribuídas ao conhecimento insuficiente das suas necessidades, incluindo substratos adequados em vasos que podem ser utilizados para melhorar o seu crescimento no viveiro (Dickens, 2011). O conhecimento das necessidades de *Dioscoreophyllum cumminsii em* viveiro é importante para a produção de mudas de qualidade capazes de sobreviver quando plantadas fora de seu ambiente natural.

Foi realizada uma experiência para determinar os efeitos de diferentes meios de cultura na emergência e crescimento inicial de plântulas de *Dioscoreophyllum* cumminsii. Sementes obtidas de frutos recém-colhidos da espécie foram embaladas em náilon de polietileno preto por dois dias, para permitir que a membrana gelatinosa se rompesse e expusesse as sementes verdadeiras. [3]Estas foram divididas em seis grupos de 30 sementes e semeadas em vasos de polietileno preto (16x14x12cm), preenchidos separadamente com seis meios, nomeadamente T1= terra vegetal e serradura (1:1); T2= areia de rio e terra vegetal (1:1); T3= areia de rio e serradura (1:1); T4= apenas serradura; T5= apenas areia de rio e T6= apenas terra vegetal (controlo). Após a sementeira, as sementes foram ligeiramente cobertas com meio de cultura e regadas diariamente. A cobertura leve permitiu uma amostragem fácil e segura para o estudo da germinação das plântulas, que foi considerada como germinação da espécie.

As plântulas foram regadas e observadas diariamente até que os epicótilos emergissem do meio de cultura e se iniciasse a avaliação do desenvolvimento das plântulas. O início da germinação foi observado durante dois meses, após a contagem e registo da primeira emergência e da emergência total. A avaliação dos parâmetros de crescimento teve início quatro (4) semanas após a emergência dos epicótilos e foi efectuada mensalmente durante três (3) meses.

Os resultados mostram que a serradura e a combinação com outros meios *favoreceram* mais a germinação de *Dioscoreophyllum cumminssi* do que os outros meios. Para todos os parâmetros de crescimento medidos, a espécie respondeu melhor a um único meio do que a uma combinação de meios.

Efeitos de diferentes temperaturas e tempos de armazenamento

A biologia das sementes da maioria das espécies de árvores tropicais é atualmente desconhecida. Como os requisitos de manuseamento e armazenamento de sementes variam consideravelmente, a falta de informação constitui um obstáculo à multiplicação de sementes de muitas espécies de plantas importantes e potencialmente importantes (Thomsen, 2000). A maioria das culturas agrícolas tem sementes que podem ser secas e armazenadas a baixas temperaturas durante anos sem perderem a sua capacidade germinativa; estas sementes são referidas como 'sementes ortodoxas', reflectindo o facto de serem consideradas como o tipo de semente mais comum e difundido (Walters, 2004). Contudo, muitas espécies arbóreas, particularmente nas regiões tropicais, têm sementes que não seguem as regras das sementes ortodoxas. Estas são difíceis de armazenar, pois não suportam a secagem, sendo por isso designadas por "sementes recalcitrantes" (Walters *et. al.* 2014). Outras sementes parecem não se enquadrar em nenhuma destas duas categorias e são por isso chamadas "sementes intermédias" (Thomsen, 2000).

Os principais problemas associados às sementes recalcitrantes/intermédias estão relacionados com a qualidade e o armazenamento das sementes (Thomsen, 2000). O armazenamento pode ser definido como a conservação de sementes viáveis desde o momento em que são colhidas até ao momento em que são semeadas (Holmes e Buszewicz, 1958). A capacidade de armazenar sementes sem reduzir o número de sementes vivas é muito importante para a produção de mudas de uma espécie. As sementes cultivadas são sensíveis à perda de humidade e a baixas temperaturas, mas variam muito quanto ao grau de secagem e às temperaturas que podem suportar; por isso, é importante conhecer os níveis de humidade e as temperaturas críticas e óptimas para cada espécie.

As duas condições mais importantes para o armazenamento de sementes são a temperatura constante e a humidade baixa. LBJWC (2001) concluiu que as variações da temperatura e da humidade do ar eram mais prejudiciais para as sementes do que valores ligeiramente mais elevados e constantes de ambas. Do mesmo modo, Strelec *et al* (2010) verificaram que a temperatura ambiente e a humidade relativa são os dois principais factores que influenciam a viabilidade e a longevidade das sementes durante o armazenamento. Em condições ideais, o armazenamento a longo prazo reduz a percentagem de viabilidade (uma vez que algumas sementes morrem) e também diminui a vitalidade das plântulas provenientes de sementes armazenadas. O número e a percentagem de plântulas que apresentam mutações prejudiciais ou degeneração dos tecidos também aumentam com o tempo de armazenamento. As raízes, em particular, são afectadas pelo armazenamento a longo prazo (Jack, 2016). No entanto, a observação de LBJWC (2001) revelou que a longevidade do armazenamento de sementes varia de espécie para espécie.

As variações de temperatura ou de humidade das sementes armazenadas reduzem consideravelmente o seu tempo de vida, provocando uma perda de viabilidade e de vitalidade, ou mesmo a sua morte. As mudanças rápidas de humidade são particularmente prejudiciais para as sementes. A humidade ou as temperaturas elevadas favorecem a mutação dos tecidos da semente, especialmente nas pontas das raízes, que permanecem mais activas do que os outros tecidos da semente. As mutações celulares que afectam o metabolismo ou a estrutura do tecido radicular são uma causa frequente de insucesso das sementes durante a germinação (Jack, 2016). De acordo com Gupta (2010), os principais constrangimentos associados ao armazenamento de sementes são as altas temperaturas e a humidade, que prejudicam a manutenção da qualidade das sementes durante o armazenamento. As temperaturas e a humidade elevadas favorecem o desenvolvimento de insectos, bactérias e fungos. As estruturas e métodos de armazenamento também devem proteger as sementes dos danos causados por roedores. As estruturas de armazenamento de alimentos são frequentemente concebidas com o mesmo objetivo.

A deterioração das sementes durante o armazenamento é um processo gradual e inevitável que resulta em perdas consideráveis. A fisiologia da deterioração das sementes e a dinâmica da mortalidade das sementes durante o armazenamento foram estudadas por vários autores (Bernal-Lugo e Leopold, 1998; Bewley e Black 1985; Copeland e McDonald, 1999; McDonald, 1999; Walters, 1998). No entanto, sabe-se muito menos sobre a influência da temperatura de armazenamento na germinação de *Dioscorephyllum cumminsii*.

Bamigboye *et al* (2016b) estudaram a germinação de sementes *de Dioscoreophyllum cumminsii* armazenadas a diferentes temperaturas numa câmara fria, num frigorífico, numa sala com ar condicionado e à temperatura do laboratório. As sementes foram coletadas mensalmente durante seis meses para germinar. As sementes armazenadas na câmara fria e no laboratório não germinaram durante todo o período de armazenamento, enquanto as sementes armazenadas no frigorífico apresentaram 10% e 40% de germinação após três e quatro meses de armazenamento. As sementes armazenadas numa sala com ar condicionado germinaram, mas a germinação diminuiu com o tempo de armazenamento. Enquanto 60% das sementes germinaram após um mês de armazenamento, esta taxa foi de 40% e 30% após dois e três meses de armazenamento. As sementes colhidas após quatro e cinco meses de armazenamento tiveram a mesma taxa de germinação de 10%, enquanto que após seis meses de armazenamento não houve germinação. Por conseguinte, o armazenamento a longo prazo não é propício à viabilidade de *Dioscoreophyllum cumminsii*.

Efeitos das hormonas de enraizamento

Até à data, os esforços para domesticar algumas espécies de frutos florestais tiveram pouco ou nenhum sucesso devido a conhecimentos silviculturais insuficientes sobre o tipo de plantação (Kayode e Bamigboye, 2016), o tipo de solo, os requisitos adequados de nutrientes, as técnicas de cultivo e o comportamento de crescimento precoce que garante uma germinação eficiente das sementes (Akinyele, 2010). A germinação tardia no viveiro é outro obstáculo sério à domesticação destas espécies. Relatórios anteriores de Bawa *et al* (1990) e do Conselho Nacional de Investigação (1991) constataram que o conhecimento da biologia reprodutiva era muito limitado para a maioria das espécies fruteiras tropicais. Por conseguinte, para a domesticação destas espécies é essencial uma investigação aprofundada para minimizar o atraso da germinação.

O efeito de algumas hormonas de enraizamento em estacas de caule jovem de *Dioscoreophyllum cumminssi foi estudado* por Bamigboye *et.al.* (2016c) foi estudado. Neste ensaio, foram obtidas estacas de caule uniformes, saudáveis, de um só nó e folhosas a partir de oitenta (80) plântulas de crescimento uniforme. As estacas foram tratadas com 1mg/ml de ácido indol butírico (IBA), 1mg/ml de ácido indol acético (IAA), água de coco e água destilada como controlo, utilizando o método Quick-Dip. A percentagem de sobrevivência das estacas, a percentagem de morte, o número de novas raízes formadas por estaca, o comprimento das novas raízes formadas e o número de novos rebentos foram determinados após 60 dias. Os resultados mostraram que as espécies reagiram de forma diferente aos quatro tratamentos e que houve diferenças significativas entre todos os tratamentos. A percentagem de sobreviventes foi mais elevada com o ácido indobutírico (80%) e mais baixa com o ácido indoacético (20%). Também se registaram diferenças significativas no número de raízes. A água de coco teve o valor médio mais elevado (21,25) e o IAA o mais baixo

(5,50). A água de coco também teve o valor médio mais elevado para novos rebentos, mas não houve diferença significativa entre os valores da água de coco e do IBA. Da mesma forma, não houve diferença significativa entre os valores de IAA e água destilada. Os resultados para o comprimento da raiz mostraram que o IBA teve o valor médio mais alto. No entanto, não foi observada nenhuma diferença significativa entre o IBA e a água de coco, nem entre os valores obtidos com o IAA e a água destilada. A utilização de uma hormona de crescimento natural poderia assim favorecer o desenvolvimento de estacas provenientes de estirpes selvagens desta espécie.

Efeito da intensidade da luz

A luz é um fator ambiental importante no crescimento e desenvolvimento das plantas, desempenhando um papel essencial na fotossíntese, no desenvolvimento das folhas e dos rebentos, na formação das flores e na frutificação, e é essencial para o desenvolvimento e qualidade dos frutos (Nwoboshi, 1982). A energia solar é utilizada na fotossíntese para produzir os produtos finais que alimentam os processos celulares nas plantas (Taig e Zeiger, 1991). A luz também afecta a dormência e o desenvolvimento das plantas. A luz é um mecanismo pelo qual as plantas se adaptam a certos nichos do ambiente, frequentemente em interação com a temperatura (Lajzerowicz *et al.*, 2004; Warren e Adams, 2001). A quantidade de energia solar disponível para esses processos depende da intensidade e da qualidade, particularmente sob o dossel da floresta, e influencia o estabelecimento de mudas de árvores (Anjah *et al.*, 2013). De acordo com o CRC (2016), a intensidade luminosa refere-se à quantidade total de luz recebida pelas plantas. É também descrita como o grau de brilho a que uma planta está exposta; a descrição da intensidade da luz não tem em conta o comprimento de onda e a cor.

As plântulas de diferentes árvores têm diferentes necessidades de luz, pelo que algumas têm sucesso em habitats onde outras falham (Nwoboshi, 1982). Estas diferenças na resposta das plântulas à intensidade luminosa são extremamente importantes na silvicultura tropical, onde a reprodução das florestas após a desflorestação depende da regeneração natural ou do estabelecimento de plântulas (Anjah *et. al.*, 2013). A luz é certamente um requisito absoluto para o crescimento e desenvolvimento das plantas. No entanto, diferentes plantas têm necessidades óptimas de luz, uma vez que tanto a luz insuficiente como a luz em excesso são prejudiciais para as plantas (Manaker, 1981). Para a maioria das plantas, o limite mínimo para o processo de fotossíntese situa-se entre 1075 lux (100 fc.) e 2151 lux (200 fc.) (Chapman e Carter (1976)). Mas uma intensidade luminosa de 10 lux (0,93 fc), que ocorre ao anoitecer, já pode influenciar a reação fototrópica (Vergara, 1978).

Uma intensidade de luz demasiado elevada pode queimar as folhas e reduzir o rendimento das culturas (Crops Review. com (2016)). Intensidades de luz elevadas levam as plantas a desenvolver caules curtos e atarracados, enquanto intensidades de luz baixas causam etiolação, que leva a plantas altas e fusiformes (Ting, 1982). Os efeitos de uma intensidade luminosa demasiado elevada incluem também uma redução da clorofila, que reduz a taxa de absorção da luz e a fotossíntese (Edmond *et al.*, 1978). Um aumento da temperatura da folha, que conduz a uma rápida transpiração e perda de água, juntamente com uma temperatura elevada da folha, inativa o sistema enzimático que converte os açúcares em amido, resultando numa acumulação de açúcares e num abrandamento da taxa de fotossíntese.

A grande variedade de espécies encontradas nas florestas tropicais de planície em todo o mundo é frequentemente dividida em dois grupos principais: exigentes em termos de luz e tolerantes à sombra (Daniel e Turna, 1998). Em geral, o sombreamento reduz a intensidade da radiação incidente que atinge a planta e o solo (Anjah *et. al.*, 2013). *Dioscoreophyllum cumminsii é* uma liana anual dióica, bissexual, que cresce no sub-bosque de florestas caducifólias de sucessão tardia na África Ocidental. Infelizmente, é uma das espécies de plantas mais ameaçadas no país, uma vez que o seu habitat está massivamente perdido e fragmentado (Bamigboye *et. al.*, 2016). Da mesma forma, a melhor intensidade de luz para o estabelecimento de plântulas desta espécie ainda não é conhecida.

Bamigboye e Kayode (2016a) investigaram os efeitos de diferentes intensidades de luz no crescimento de *D. cumminsii*. O objetivo do estudo foi determinar a intensidade de luz adequada à qual as plântulas nascentes desta planta podem sobreviver.

As plântulas do ensaio anterior foram transplantadas no estádio de duas folhas para vasos de polietileno cheios de solo de viveiro e expostas a três intensidades luminosas diferentes utilizando gaiolas de madeira. As intensidades luminosas dentro e fora das gaiolas foram medidas com um fotómetro Solex. A altura total das plântulas, o diâmetro do colo do caule, a produção de folhas e a área foliar foram medidos durante três meses, com intervalos de duas semanas. Os resultados mostraram que uma intensidade luminosa insuficiente impediu a sobrevivência das plântulas de *D. cumminsii*, reduziu a altura das plântulas, o perímetro do caule e o número de folhas, embora marginalmente, mas causou uma redução significativa da área foliar. Por conseguinte, as plântulas de *D. cumminsii* não toleram a sombra no início do seu desenvolvimento, pelo que as suas necessidades de luz devem ser tidas em conta nos esforços de domesticação desta espécie.

Efeitos das fontes de nutrientes

O esgotamento dos nutrientes do solo é um dos problemas mais graves que afectam atualmente a produtividade agrícola nos países tropicais em desenvolvimento, incluindo a Nigéria (Senjobi, *et. al.,* 2010). A intensificação do cultivo em solos com pouca ou nenhuma fertilidade é um dos factores determinantes que contribuem para o declínio do equilíbrio ecológico natural. Este facto dificulta o aumento da produtividade para satisfazer as necessidades alimentares de uma população em rápido crescimento e põe em risco a segurança alimentar (Senjobi, 2007).

A fertilidade do solo pode ser definida como a capacidade do solo para satisfazer os requisitos físicos, químicos e biológicos necessários para o crescimento das plantas (Abbott e Murphy, 2007). A boa utilização agrícola dos recursos do solo requer uma consideração equitativa dos componentes biológicos, químicos e físicos da fertilidade do solo, a fim de alcançar um sistema agrícola sustentável (Mariangela e Francesco, 2010). Uma prática que satisfaça as necessidades actuais e futuras da sociedade em termos de alimentos para consumo humano e animal, serviços ecossistémicos e saúde humana, e que maximize os benefícios líquidos para as pessoas, é designada por agricultura sustentável (Tilman *et al.*, 2002). A sustentabilidade significa, por conseguinte, tanto rendimentos elevados que podem ser mantidos como impactos ambientais aceitáveis da gestão agrícola.

O aumento geométrico da população e a procura mais intensa de recursos naturais, incluindo a terra, reduziram ainda mais as terras aráveis disponíveis. Os problemas da urbanização, a procura incessante de alimentos, o sistema de propriedade fundiária, as políticas governamentais indiferentes ou desactualizadas e a industrialização fizeram com que as terras aráveis se tornassem escassas e inacessíveis aos agricultores. Em consequência, a cultura contínua tornou-se a norma. Este facto reduziu os períodos de pousio e outras práticas culturais que poderiam ajudar a repor os nutrientes do solo (Adedipe, 1991; Akinsehinwa, 2007). O esgotamento dos nutrientes do solo devido à cultura contínua reduz a matéria orgânica do solo e conduz a uma acidificação significativa e à perda de rendimento (Senjobi, *et. al.*, 2010; Batiano e Makwunye, 1991; Ajilore, 2008). Por conseguinte, é necessária uma fertilização adequada ou a aplicação de estrume para manter a produtividade do solo, a fim de assegurar um crescimento e um rendimento óptimos das culturas e garantir a segurança alimentar de uma população cada vez maior.

A adição de correctivos (orgânicos ou inorgânicos) cria um melhor ambiente para o crescimento das raízes e das plantas, melhora a estrutura do solo e a capacidade de retenção de água, aumenta a disponibilidade de nutrientes e as condições para os organismos do solo que são essenciais para o crescimento das plantas (West Coast Seeds, 2011). Embora o tipo de melhoramento do solo dependa inteiramente da forma como o solo vai ser corrigido, quase todos os tipos de solo podem ser tornados férteis com recurso a correctivos do solo.

Existe pouca informação sobre a utilização de fertilizantes orgânicos para melhorar o cultivo de *Dioscoreophyllum cumminsii*.

O efeito de diferentes fontes de nutrientes no crescimento de *D. cumminsii* foi investigado por Bamigboye, *et al.* (2016d). O objetivo do estudo foi determinar os efeitos de diferentes fontes de nutrientes no crescimento inicial de *Dioscoreophyllum cumminsii*.

Os excrementos de aves de capoeira e de vacas foram recolhidos na quinta de ensino e investigação do Federal College of Forestry em Ibadan, Nigéria, e secos ao ar durante quinze dias antes de serem triturados. As folhas frescas de jacinto de água foram recolhidas na Barragem de Oba na Universidade de Ibadan, Ibadan, Nigéria. Depois de secas durante quinze dias, foram transformadas em fertilizante orgânico e moídas em pó (de acordo com a Fundação Agromisa, 2005). Os pós obtidos dos três fertilizantes orgânicos foram peneirados e analisados quimicamente no laboratório de solos do Forestry Research Institute of Nigeria (FRIN), Ibadan, Nigéria, antes de serem utilizados diretamente como fonte de nutrientes.

Os fertilizantes a taxas de 100 e 200 kg/ha foram utilizados sozinhos ou em combinação como fertilizantes orgânicos (Quadro 1), enquanto o N.P.K. 15:15:15 foi utilizado como fertilizante inorgânico. Os fertilizantes orgânicos foram misturados com solo superficial e vertidos em vasos de polietileno preto com uma capacidade de 2±0,2 kg e deixados em repouso durante uma semana para permitir a mineralização do fertilizante. Plântulas de crescimento uniforme (três meses de idade) foram transplantadas para os meios previamente preparados, enquanto o fertilizante inorgânico foi aplicado uma semana após o transplante. As plântulas sem fertilizante foram utilizadas como controlo.

A avaliação das variáveis de crescimento como altura da planta, diâmetro do colo do caule, produção de folhas e área foliar foi realizada mensalmente durante três (3) meses. Os resultados mostraram que 200 kg/ha de estrume de aves x jacinto de água melhoraram mais o crescimento da espécie, enquanto as plântulas tratadas com N.P.K. não conseguiram sobreviver tanto a 100 kg/ha como a 200 kg/ha. O uso de fertilizantes orgânicos pode ser utilizado para a domesticação de D. *cumminsii.*

Quadro 1: Plantas germinadas de serendipity berry, frutos imaturos e maduros

Referências

Abbott, L.K. e Murphy, D.V. (2007). What is soil biological fertility? in: Abbott L.K., Murphy D.V. (Eds.), Soil biological fertility - A key to sustainable land use in agriculture,

Springer, pp. 1-15, ISBN 978-1-4020-6619-1.

Adansi, M. A. e Holloway, H. L. O. (2014). Germinação de sementes e estabelecimento da baga da serendipidade *(Dioscoreophyllum cumminsii Diels): ISHS Ata Horticulturae 53: IV Simpósio Africano de Culturas Hortícolas. Recuperado em março, 2014 de* www.actahort.org

Adansi, M.A. e Holloway, H.L.O. (1977). Germinação de sementes e estabelecimento da baga da serendipidade, Dioscoreophyllum cumminsii. Diels. Ata Horticulturae, 53:407-411.

Adebisi, M. A. (2004). Estudos de variação, estabilidade e correlação da qualidade das sementes e dos componentes de rendimento do sésamo (*Sesamum indicum* L.). Tese de doutoramento não publicada, Universidade de Agricultura, Abeokuta, Nigéria, 2004.

Adedipe, N. O. (1991). Factores ambientais e de apoio técnico à produção agrícola em grande escala na Nigéria. Seminário Nacional sobre Agricultura em Grande Escala. Ministério Federal da Agricultura e dos Recursos Naturais, Lagos.

Adekunle, V. A. J. e Oyerinde O. V. (2004). O potencial alimentar de alguns frutos silvestres indígenas no ecossistema da floresta tropical de planície do sudoeste da Nigéria. *Jornal de Tecnologia Alimentar*, 2 (3): 125130.

Agbo, C. U. e Omaliko, C. M. (2006). Iniciação de rebentos e crescimento de estacas de estirpes de *Gongronema latifolia* Beth em diferentes meios de enraizamento. *Afri. J. Biotechnol.* 5 : 425-428

Fundação Agromisa (2005). *Preparação e utilização de composto.* Série Agrodok, No. 8.

Ajilore, O. D. (2008). Effects cf Continuous Cultivation and Organic Amendments on the Growth and Performance of *C. argentea* in an Oxic Paleustalf in South-Western Nigeria, Unpublished B. Agric. Tese de doutoramento. Departamento de Ciência do Solo e Mecanização Agrícola, Universidade Olabisi Onabanjo, Ago-Iwoye.

Akinsehinwa, O. E. (2007). Interação entre a fragmentação das explorações agrícolas e a produtividade agrícola no Governo Local de Yewa North do Estado de Ogun. Inédito B. Agric. Tese não publicada. Departamento de Economia Agrícola, Universidade Olabisi Onabanjo, Ago-Iwoye.

Akintoye, H. A., AdeOluwa, O. O. e Akinkunmi, O. Y. (2013). Efeito de diferentes meios de crescimento no crescimento e floração da Begonia Beefsteak (*Begonia erythrophylla*). *Jornal de Horticultura Aplicada,* 15(1): 57-61

Akinyele A. O. (2010). Efeitos das hormonas de crescimento, meios de enraizamento e tamanho das folhas em estacas de caule juvenil de *Buchholzia coriacea* Engler. Ann. For. Res. 53(2) : Pg 127-133, 2010.

Aklibasinda, M., T. Tunc, Y. Bulut e U. Sahin, (2011). Efeitos de diferentes meios de cultura na produção de pinheiro silvestre (*Pinus sylvestris*). *Journal Animal Plant Sciences,* 21(3): 535-541.

Ambika S, Manonmani V, Somasundaram G. (2014). Revisão sobre o efeito do tamanho da semente no vigor das mudas e no rendimento das sementes. *Jornal de Investigação da Ciência das Sementes,* 7; 31-38.

Aminu Magaji Bichi, (2012); Diferentes tratamentos pré-germinativos e sementes *de delonix regia* JORIND 10 (2), junho, 2012. ISSN 1596 - 8308. www.transcampus.org./journals,

Amusa, T. O. (2011). Efeitos de três técnicas de pré-tratamento na dormência e germinação de sementes de *Afzelia africana* (Sm. Ex pers). Jornal de Horticultura e Silvicultura Vol. 3(4): 96-103.

Anjah G. M., Focho A. D. e Dondjang J. P. (2013). Os efeitos da profundidade de sementeira e da intensidade da luz na germinação e no crescimento inicial de *Ricinodendron heudelotii.* *Jornal Africano de Investigação Agrícola,* 8(46): 5854-5858.

Arancon, N. Q., Lee, S., Edwards, C. A. e Atiyeh, R. (2004). Efeito do ácido húmido do semi-composto de resíduos de gado, alimentos e papel no crescimento de plantas em estufa.

Pedobiologia 47 : 741-744

Asaah, E., e Tchoundjeu, Z., (2012). Domesticação de culturas arbóreas indígenas africanas Escrito em 22 de fevereiro de 2012 p. 59

Awodola, A. M. (1984). Reacções de crescimento de algumas plântulas à seca. Dissertação, Universidade de Ibadan. P. 188.

Avana, M.L., Tchoundjeu, Z., Mbile, P. e Tsobeng, A.C. (2004). Domesticação de árvores tropicais: desenvolvimento tecnológico, participação dos agricultores e impacto no uso da terra. Em: Temu AB, Chakeredza S, Mogotsi K, Munthali D e Mulinge R (eds). 2004. Rebuilding Africa's capacity to develop agriculture: the role of tertiary education. Documentos revistos apresentados no simpósio da ANAFE sobre o ensino agrícola terciário, abril de 2003. ICRAF, Nairobi, Quénia. S. 207-217

Baiyeri, K. P. (2003). Avaliação de substratos de cultivo para a emergência de rebentos e crescimento inicial de duas espécies de árvores tropicais. *Moor J. Agric Pes.* 4 : 60-65

Baiyeri K.P. (2005). Resposta de espécies de Musa à macropropagação: II: Os efeitos do genótipo, da iniciação e do meio de desmame no crescimento e na qualidade dos rebentos no viveiro. *Afr. J. Biotechnol* 4(3) : 229-234.

Baiyeri, K.P. e Mbah, B.N. (2006). Efeitos de meios de viveiro sem solo e com solo na emergência de plântulas, crescimento e resposta ao stress hídrico da fruta-pão *africana* (*Treculia africana* Decne). African Journal of Biotechnology 5, 1405-1410.

Baiyeri, K. P. (2006). Emergência de plântulas e crescimento da papaia (*Carica papaya*) sob politenos de sombra de cores diferentes. Int. Agrophys. 20: no prelo.

Bamigboye, T. O., Kayode J. (2016a) Efeito da intensidade da luz no crescimento de *Dioscoreophyllum cumminsii. Revista Internacional de Artigos Biológicos,* 1: 36-40

Bamigboye, T. O. e Kayode, J. (2016b): Efeitos de pré-tratamentos de sementes na germinação de *Dioscoreophyllum cumminsii. Revista Internacional de Investigação*

Biológica, 4 (2): 138-140.

Bamigboye, T. O., Kayode, J. e Ayeni, M. J. (2016a). O efeito do tamanho da semente na germinação de *Dioscoreophyllum cumminsii* (Stapf). *N Y Sci J*, 9(5):1-3. ISSN 1554-0200 (impresso) ; ISSN 2375-723X (online). http://www.sciencepub.net/newyo1. doi:10.7537/marsnys09051601.

Bamigboye, T. O., Kayode, J., Ayeni, M. J. (2016b). Efeitos de diferentes temperaturas e tempo de armazenamento na viabilidade de *Dioscoreophyllum Cumminsii*. *Jornal de Investigação Biotecnológica*, 1(2): 76-80.

Bamigboye, T. O., Kayode J. e Obembe, M. (2016c). Efeitos de hormonas de retração em cortes de caule juvenil de *Dioscoreophyllum Cumminssi* (Stapf) Diels (Serendipity Berry). *Revista Internacional de Investigação em Ciências Agrárias*. 3(2) : 96-98

Bamigboye, T.O., Kayode, J. e Ayeni M.J. (2016d). Efeitos de fontes de nutrientes no crescimento inicial de mudas de *D. cumminsii*. *Revista Internacional de Artigos Agrícolas* 2016; 1 (2): 48-54 http://scigatejoumals.com/publications/index.php/ijap. Disponível online em. www.scigatejournals.com. S. 48- 54

Batiano, A. e Mokunye, A. U. (1991). Papéis do estrume e dos resíduos de culturas no alívio das limitações da fertilidade do solo para a produção de culturas: com especial referência às zonas do Sahel e do Sudão da África Ocidental. Nutrient Cycling in the Agrosystem, 29(1).

Bawa K. S., Ashton P. S., Salleh M. N. (1990). Ecologia reprodutiva de plantas florestais tropicais, questões de gestão. Em: Bawa K.S., Hadley M. (eds). Série Homem e Biosfera, Vol. 7. UNESCO/Parthenon publishing, Paris, Carnforth p. 313

Bearsell, D.V. e D.G. Nichols (1982). Propriedades de humidificação de meios de recipientes dessecados para viveiros. *Scientia Horticulturae* 17: 49-59.

Bernal-Lugo, I., Leopold, A.C. (1998). A dinâmica da mortalidade das sementes. *Revue de botanique expérimentale*, 49 : 1455-1461.

Bewley, J.D., Black, M. (1985). Seeds: Physiology of development and germination. Plenum Press, Nova Iorque.

Bhardwaj, R. L. (2014). Efeito dos meios de cultura na germinação de sementes e no crescimento de plântulas de papaia cv 'Red Lady'. *Jornal Africano de Ciências Vegetais,* 8(4): 178-184

Schwarz, Michael H. e Halmer Peter (2006). The Seed Encyclopaedia: Science, Technology and Uses. Wallingford, Reino Unido: CABI. PP. 224. ISBN 978-0-85555199-723-0.

Campbell, B. M. (1986). Food and Nutrition, 12, 28-44.

Carlie, W.R. (2008). A utilização de materiais compostados em substratos de cultivo. Prac. IS em meios de cultura. *Ata, Hort.* 77: 857-864.

Casanova, M. T., e Brock, M. A. (2000). Como é que a profundidade, duração e frequência das cheias influenciam o estabelecimento de comunidades vegetais em zonas húmidas? Plant Ecology, 147 : 237-250. http://dx.doi.org/10.1023/A:1009875226637

Chapman S. R., Carter L. P. (1976). Crop Production: Principles and Practices (Produção Agrícola: Princípios e Práticas). São Francisco: W.H. Freeman and Company. p. 146-163.

Clement, C. R., de Cristo-Araujo M., d'Eeckenbrugge G. C., Pereira A. A., Picango-Rodrigues, D. (2010). *Origem e domesticação de plantas nativas da Amazónia. Diversité,* 2 : 72-106.

Clement, C. R., (1999). 1492 e a perda de recursos genéticos vegetais da Amazónia. I. A relação entre domesticação e declínio da população humana. *Botanique économique 53: 188-202.*

Copeland, L.O., McDonald, M.B. (1999): Principles of seed science and technology. Kluwer Academic Publishers Group, Dordrecht.

Cracker, W. e Barton, L.V. (1957). Seed Physiology. Chronica Botanica Co. Waltham, Massachusetts. Crosier, W.E. (ed.). 1970.

Revisão da cultura. Com (2016). Página inicial da agricultura de culturas para a intensidade da luz, copyright@ 2010-16 CropsReview.Com e Ben G Bareja. Acedido em 23/06/2016 @ www.Light Intensity in Plant Growth and Development.htm.

Cull, D.C. (1989). Alternatives to peat as container media: Organic resources in UK, *Ata Hort,* 126: 69-81.

Daniel J. M, Turner, I. M (1998). Banco de sementes do solo de florestas de planície em Singapura: Exigências do dossel e da folhagem. J. Trop. Ecol. 14:103-108.

Dickens, D. (2011). Efeito dos meios de propagação na germinação e no desempenho das plântulas de *Irvingia wombolu* (Vermoesen) : *American Journal Biotechnology and Molecular Sciences* ISSN Print: 2159-3698, ISSN Online: 2159-3701,© 2011, ScienceHue, http://www.scihub.org/AJBMS Edmond, J. B., Senn T. L., Andrews, F. S., Halfacre, R. G. (1978). Fundamentals of Horticulture (Fundamentos da Horticultura). 4ª ed. McGraw-Hill, Inc. pp. 109-130.

Ekpo, M.O. e S.K. Sita, (2010). Influência dos substratos de crescimento no diâmetro do tronco e nas características ecológicas das plântulas de *Pinus patula* na Suíça. *World Journal Agric. Sci.* 6(6): 652-659.

Emshwiller E. (2006). *Genetic data and plant domestication (Dados genéticos e domesticação de plantas). Em Zeder M. A., Bradley D. G., Emshwiller E., Smith B. D., [eds.], Documenting domestication,* 99-122. University of California Press, Berkeley, Califórnia, EUA.

Eromosele, I. C., Eromosele, C. O. e Kuzhkzha, D. M. (1991). Avaliação do teor de minerais e ácido ascórbico nos frutos de algumas plantas silvestres. *Plant Food Human Nutr.* 41: 151-154 Etukudo, I. (2000). A floresta, o nosso tesouro divino. Éditions Dorand, Uyo- Nigéria.

194p.

Farah, S. M. (1996) Condições e necessidades hídricas do trigo. Relatório da Estação de Investigação de Gezira. P.O. Box 126, Wad Medani, Sudão. Pp. 24-36

Gbadamosi, A. E. (2014). Efeito dos regimes de irrigação e da quantidade de água no crescimento inicial das sementes de *Picralima nitida* (Stapf). *Sustainable Agriculture Research,* 3(2): 2014 ISSN 1927050X E-ISSN 1927-0518 Publicado pelo Centro Canadiano de Ciência e Educação 35

Getachew, A., Kelbessa, U. e Dawit, D., (2005). Estudo etnobotânico de plantas comestíveis indígenas em distritos seleccionados da Etiópia. *Hum. Ecol.* 33(1): 83-118.

Grower, S.T. (1987). Relações entre disponibilidade mineral e biomassa de raízes finas em duas florestas tropicais da Costa Rica. *Hypothesis Biotropica*, 19: 171- 175.

Guarino, L. (1997). Variedades tradicionais de legumes africanos. Roma, Itália: Internationale Pflanzengenetische
Instituto de Recursos.

Guinand, Y. e Dechassa, L. (2000). Indigenous food plants in southern Ethiopia: Reflections on the role of 'famine foods' in times of drought. Unidade de Emergências das Nações Unidas para a Etiópia (UNEUE), Adis Abeba;

Harlan, J. R. (1992). *Cultivated plants and man. Sociedade Americana de Agronomia, Madison, Wisconsin, EUA.*

Hartmann, H . T., Kester, D . E. Davies, F. T., e Genve, R. I. (2007). Hartmann e Kester propagação de plantas, princípios e práticas. Sétima edição. Prentice-Hall of India Private limited p. 880.

Hegazy, A. K, Al-Rowaily, S. L., Faisall, M., Alatarl, A. A., El-Bana, M. I., & Assaeed, A. M. (2013). Valor nutricional e atividade antioxidante de algumas frutas silvestres comestíveis no Oriente Médio. *Jornal de Pesquisa de Plantas Medicinais*. 7(15): 938-946 DOI 10.5897/JMPR13.2588

Holloway, H.L.O. (1977). Multiplicação de sementes de Dioscoreophyllum cumminsii, uma fonte de adoçante intenso. *Botânica Económica*. 31 : S. 17-50.

Holmes, G. D. e Buszewicz, G. (1958). O armazenamento de sementes de espécies arbóreas de florestas temperadas.

Forestry Abstracts 19(3): 31.

Homma, A.K.O. (1994). Extrativismo vegetal na Amazônia: limites e possibilidades. Em M. Clusener-Godt e I. Sachs (eds) Extractivism in the Brazilian Amazon: Perspectives on regional development (pp. 34 - 57). MAB Digest 18, Man and the Biosphere. Paris: UNESCO.

Hoogenboom, G., Huck, M. G., & Peterson, C. M. (1987). Taxa de crescimento da raiz de soja afetada pelo stress da seca. *Agron J.*, 79: 607-614. http://dx.doi.org/10.2134/agronj1987.00021962007900040003x

Hsiao, T. C., e Xu, L. (2000). Sensibilidade do crescimento da raiz versus folha ao stress hídrico: análise biofísica e relação com o transporte de água. Journal of Experimental Botany, 51(350), 1595-1616. http://dx.doi.org/10.1093/jexbot/51.350.1595

Ingram, D. L., Henley, R. W. e Yeager, T. H. (2003). Meios de cultivo para plantas ornamentais cultivadas em contentores. Departamento de Horticultura Ambiental, Serviços de Extensão Cooperativa da Flórida, Instituto de Ciências Alimentares e Agrícolas, Universidade da Flórida, BUL 241.

Isah, A.D, Bello, A.G., Maishanu, H.M e Abdullahi, S. (2013). Efeito do regime de rega Efeito do regime de rega no crescimento inicial de *Acacia senegal* (Linn) Willd. Provenances. *Revista Internacional de Ciências Vegetais, Animais e Ambientais*, 3, Edição 2, abril-junho de 2013.

Isikhuemen O. Y., Nwaoguaa C. N. C., Odewale J. O., Eke C. R., Isikhuemen E. M. e Shittu H. O., (2015). Respostas morfogenéticas in vitro do explante de sementes de Dioscoreophyllum cumminsii (Stapf) Diels.

Jack, A. (2016). Manual de economia de sementes de hortaliças. [th]Acedido em 5 de junho de 2016 http://www.howtosaveseeds.com/store.php#top,

Jawal, A. S., Hadiati, S., Susiloadi, A. e Indriyahi, N. L. P. (1998). Peengaruh medium Tumbuh. terhadap Peretumbuhan Semai Manggis (*Gacinal mangostana* L) J. Stigma. 6:213-218

Combat, A.N. (2000). Produção comercial de substratos para plantas ornamentais. Farm Progress-Agriculture's Leading Publisher, Guaiba, Brasil, páginas: 254.

Kayode J., Bamigboye, T. O. (2016). Avaliação do cultivo na exploração e conservação de espécies frutícolas indígenas no Estado de Ekiti, Nigéria. *Journal of Agriculture and Ecology Research International* 7(3), 1-6. http://dx.doi.org/10.9734/JAERI/2016/24811.

Kayode, J., Bamigboye, T. O., Ayeni, M. J., & Obembe, O. M. (2016). A avaliação do conhecimento indígena dos agricultores rurais do estado de Ekiti, Nigéria, sobre *Dioscoreophyllum cumminsii. Jornal de Ecologia Global e Meio Ambiente.* 5(1) : 33-37

Kayode, J. e Ogunleye, T. (2008). Lista de controlo e estado das espécies vegetais utilizadas como especiarias no Estado de Kaduna, Nigéria. Jornal de Investigação de Botânica 3(1), 35-40.

Kebu, B. e Fassil, K., 2006. Estudo etnobotânico de plantas silvestres comestíveis nos distritos de Derashe e Kucha. *Sul da Etiópia. J. Ethnobiol. Ethnomed,* 2: 53.

Keyagha, E.R., Uwakwe, J.C., Cookey, C.O., Emma-Okafor, L.C., Obiefuna, J.C., Alagba, R.A., Ihejirika, G.O. e Ogwudire, V.E. (2016). Efeito de diferentes meios de cultivo no crescimento e desenvolvimento de *Irvingia Wombulu* em Owerri, sudeste da Nigéria. Int'l Journal of Agric. And Rural Dev. Saat Futo 2016

Khasa, D.P., Mung, M. and Logan, B., 2005: Early growth response of container-grown selected wooded boreal seedlings in amended composite tailing and tailing sand. *Bioresource Technology,* 96(7): 857-864.

Ladipo, D.O., Fondoun, J.M e Gana, N., 1996. Domesticação da mangueira do mato (*Irvingia spp*): algumas variações intra-específicas exploráveis na África Ocidental e Central. Em: Domestication and Marketing of Non-Timber Forest Products for Agroforestry (eds.) Leakey, R.R.B., Temu, A.B., Melnyk, M. e Vantomme, P. Non-Timber Forest Products Paper 9, FAO Roma. S. 193-206.

Lajzerowicz, C. C., Wasters, M. B., Krasoursk, M., Massicotte, H. B. (2004). Light and temperature differentially limit the growth of subalpine fir and angel spruce seedlings in subalpine subforests. *Can. J. For. Res.* 34:249-260.

Lamont, G.P. e M.A.O. Connell, 1987. Duração da vida das plantas de cama sob a influência do solo de envasamento e do Hydrigel. *Scientia Hort,* 31: 141-149.

Latting, J. (1961). A biologia de *Desmanthus Illionoensis. Ecologie* 42: 487-493.

LBJWC (2001). Orientações para a recolha de sementes: educar as pessoas sobre a necessidade ecológica, o valor económico e a beleza natural das plantas nativas. www.wildflower.org

Levy Y. e Krikum J. (1983). Efeitos da irrigação, da água e da salinidade e do porta-enxerto na distribuição vertical da micorriza vesicular arbuscular nas raízes dos citrinos. Nova fitologia. 15 : 397403.

Maikhuri, R. K., Semwal, R. L., Singh, A. e Nautiyal, M. C. (1994). Wild fruits as a contribution to sustainable rural development: a case study from Garhwal Himalayas. Inter. J. Sustain. Dev. World Ecol. 1: 56-68.

Manaker, G. H. (1981). Plantas de interior: instalação, manutenção e gestão. Englewood Cliffs, NJ: Prentice-Hall, Inc. 283 pp.

Mariangela D. e Francesco M. (2010). Efeitos a longo prazo dos suplementos orgânicos na fertilidade do solo. Uma revisão da situação. Agronomia para o Desenvolvimento Sustentável, Springer Verlag/EDP Sciences/INRA, 2010, 30 (2), <10.1051/agro/2009040>.<hal00886539>.

Mathur, S.P. e B. Voisin, (1996). The use of compost as green house growth media. Relatório final, *Ministério do Ambiente e da Energia*, Ontário.

McDonald, M.B. (1999): Danos nas sementes: fisiologia, reparação e avaliação. *Ciência e Tecnologia das Sementes*, 27: 177-237.

Mith ofer, D. e Waibel H (2003). Rendimento e produtividade do trabalho na colheita e utilização de produtos de árvores de fruto indígenas no Zimbabué. *Agroforestry Systems* 59: 295305

Moss, R. (1995). Culturas arbóreas não utilizadas: componentes de sistemas agrícolas mais produtivos e sustentáveis. *Journal of farming systems research and extension* 5(1): 107-117.

Musinguzi, E. L., Kikafunda J. K. e Kiremire B. T. (2007). Promoção de frutos silvestres indígenas comestíveis como complemento de raízes e tubérculos para aliviar a deficiência de vitamina A no Uganda. Actas do 13º Simpósio do ISTRC, pp: 763-769.

Conselho Nacional de Investigação. 2006. "Shea" Culturas Perdidas de África: Volume 2.

Nwoboshi L. C, (1982). Tropical forestry: principles and techniques (Silvicultura tropical: princípios e técnicas). Imprensa da Universidade de Ibadan, Nigéria. 333p.

Nya P. J., Omokaro D. N. e Nkang A. E. (2000). Estudos comparativos da morfologia da semente, teor de humidade e germinação de sementes de duas variedades de Irvingia gabonensis. *Global J. Pure & Appl. Sci.* 6(3): 375-378.

Obioh, G. I. B. e Isichei, A. O. (2007): Uma análise da viabilidade populacional da baga da serendipidade (*Dioscoreophyllum cumminsii*) numa floresta semidecídua na Nigéria. Ecological *modeling*, 201(3-4) : 10 , 558-562.

Pamplama-Roger G. D. (2004). *Alimentos que curam,* ISBN : 9780827458|94 páginas| Review and Herald Publishing |Copyright 2004

Pantastico, E. R. B. (1975): Post-harvest physiology, handling and utilization of tropical and subtropical fruits and vegetables (Fisiologia pós-colheita, manuseamento e utilização de frutos e vegetais tropicais e subtropicais). The AVI Publishing Company Inc, pp. 29-31.

Pennarrieta, J. M., Alvorado, J. A., Bergenstahl, B., Akesson, B. (2009). Revista Internacional de Arboricultura de Frutas, 9, 344-351.

Pickersgill, B. (2007). Domesticação de plantas no continente americano: Insights da genética mendeliana e molecular. *Anais de Botânica,* 100: 925-940.

Price, D. T, Black, T.A, Kelliher, F.M. (1986). Effects of saltaunderstorey removal on photosynthesis rate and stomata conductance of young Douglas-fir trees. *Canadian Journal of Forest Resource.* 16: 90-97pp.15-22

Sale, F. A. (2015). Avaliação de regimes de rega e diferentes tamanhos de vasos no crescimento de rebentos jovens de *Parkia biglobosa* (Jacq) Benth em condições de viveiro. *European Scientific Journal* 11(12) : ISSN : 1857-7881 (Print) e- ISSN1857-7431

Sanchez, P.A. e Leakey, R.R.B. (1997). Land use transformation in Africa: three determinants for a balance between food security and natural resource use. Jornal Europeu de Agronomia 17: 15-23.

Sahin, U., O. Anapali e S. Ercisli, 2002. propriedades físico-químicas e físicas de alguns substratos utilizados na horticultura *Science horticole,* 67: 55-60.

Sahin, U. e O. Anapali, 2006. Anapali, 2006: a adição de pedra-pomes tem um efeito sobre as propriedades físicas do solo para vasos de plantas. *Agric. Conspec. Sci.* 71: 59-64.

Schippers, R. R. (2000). Variedades nativas de legumes africanos. An overview of the cultivated species. Chatham, Reino Unido: Natural Resources Institute /ACP-EU Technical centre for Agricultural and rural Cooperation.

Schreckenberg, K., Leakey, R.R.B e Z. Tchoundjen (2001). Opportunities and barriers for resource-poor farmers to invest in planting and improving native trees to increase their incomes. Boletim informativo da Rede Europeia de Investigação sobre as Florestas Tropicais nº 32. www.Etfrn/newsletter/nl32-01p6.html.

Seabloom, E. W., Moloney, K. A., & van der Valk, A. G. (2001). Restrições ao estabelecimento de plantas ao longo de um gradiente flutuante de profundidade da água. Ecology, 82: 2216-2232. http://dx.doi.org/10.1890/0012-9658(2001)082[2216:COTEOP]2.0.CO;2

Senjobi, B. A (2007). Avaliação comparativa do impacto da utilização e do tipo de solo na Degradação do solo e produtividade agrícola no Estado de Ogun, Nigéria. Tese de doutoramento não publicada. Departamento de Agronomia, Universidade de Ibadan.

Senjobi, B. A., Ande, O. T., Senjobi, C. T., Odusanya, O. A. e Ajilore, O. D. (2010). Efeitos de aditivos orgânicos no crescimento e desempenho de *Celosia argentea* num vale de mangue óxico no sudoeste da Nigéria. *Jornal de Desenvolvimento Agrícola Sustentável*, 2(8): 142-150,

Sesay, A. (2009). Influência do alagamento na germinação do amendoim de Bambara (*Vigna subterranean* L.): Efeito da temperatura, duração e momento. *Jornal Africano de Investigação Agrícola*, 4(2): 100-106.

Shaban, M. (2013). Efeito da água e da temperatura na germinação e emergência de sementes como um modelo de tempo hidrotérmico para sementes. *Revista internacional de investigação biológica e biomédica avançada.* 1(12) : 1686-1691.

Shadanpour, F.A., Mohammadi, T. e Hashemi, K.M. (2011). Calêndula: A viabilidade da utilização de vermicomposto como meio de crescimento. *Journal Ornamental Horticultural Plants,* 1(3): 153-160. Simons, A. J. e Leakey, R. R. B. (2004). Domesticação de árvores em agroflorestas tropicais.

Smartt, J. e Haq, N. (1997). Southampton, Reino Unido, International Centre for Underutilised Crops.

Strelec, I., Ruza, P., Ilonka, I., Vlatka, J. Zorica, J., *Zaneta,* U. e Mirjana, S. (2010). Influência da temperatura e da humidade relativa na humidade do grão, germinação e vigor de três variedades de trigo durante um ano de armazenamento. *POLJOPRIVREDA* 16 (2): 20-24.

Sung, J. M. (1995). The effect of sub-optimal O2 on seedling emergence of soybean seeds of different size. Seed Sci. Technol, 23, 807-814.

Taig, L. e Zeiger, E. 1991. ed. *Fisiologia vegetal.* 263pp.

Tchoundjeu, Z., Kengue, J. e R.R.B. Leakey (2002). Domesticação de *Darcryodes edulis*: estado da arte. Forests, Trees and Livelihoods 12: 3-13.

The National Academies Press, 2008: Culturas perdidas de África: Volume III: Frutos (2008) / Capítulo anterior Introdução aos frutos silvestres, Página anterior: 185/380

Thomsen, K. (2000). Manuseamento de sementes de árvores sensíveis à seca e à temperatura. Série de Notas Técnicas do DFSC. TN56. Danida Forest Seed Centre, Humlebaek, Dinamarca.

Walters, C. (1998): Understanding the mechanism and kinetics of seed aging (Compreender o mecanismo e a cinética do envelhecimento das sementes). Seed Science Research, 8 : 223-244.

Walters, C. e Towill, L. (2004). *Seeds and pollen (Sementes e pólen). Agricultural Handbook Number 66. The Commercial Storage of Fruits, Vegetables, and Florist and Nursery Stocks (Armazenamento Comercial de Frutas, Legumes e Estoques de Floricultura e Viveiros). USDA- ARS, National Center for Genetic Resources Preservation Preservation of Plant Germplasm Research, Fort Collins, CO.*

Walters, C., Berjak, P. Pammenter, N., Kennedy, K. e Raven, P. (2014). Preservação de sementes recalcitrantes. Science 339 (6122): 915-916. DOI : 10.1126/science.1230935.

Warren, C. R., Adams, M. A. (2001). Distribuição de nitrogênio, rubisco e fotossíntese em *Pinus pinaster* e aclimatação à luz. Plant Cell Environment. 24(6):597-609.

West Coast Seeds (2011): Correctivos do solo e como utilizá-los. Ladner : West Coast Seeds.

(editor) URL [Acedido em: 15.11.2016]. PDF

Wuebker, E. F., Mullen, R. E., & Koehler, K. (2001). Efeitos da inundação e da temperatura em

Germinação de sementes de soja. Crop Sci. 41, 1857-1861. http://dx.doi.org/10.2135/cropsci2001.1857

Compostos voláteis nas sementes da baga da serendipidade (*Dioscoreophyllum cumminsii* Diels)

Abiodun O.A., Oyeyinka, S.A. e Salami, O.P.

Departamento de Economia Doméstica e Ciência Alimentar, Universidade de Ilorin, Estado de Kwara, Nigéria

Introdução

A baga da serendipidade (*Dioscoreophyllum cumminsii*) é um dos frutos pouco apreciados e pouco explorados que se encontram nas florestas tropicais no final da estação das chuvas. É relativamente barato em comparação com outros frutos utilizados na indústria frutícola para sumos e concentrados. O fruto, a baga da serendipidade, contém um edulcorante proteico chamado monelina, que poderia substituir o açúcar em alimentos para diabéticos e pessoas em dieta (Inglett, 1976, Oselebe e Nwankiti, 2005). A parte doce do fruto já foi objeto de muita investigação, mas existe pouca informação sobre a semente e o óleo. °As sementes da baga da serendipidade foram secas utilizando um forno de ar quente e um aparelho de desidratação com temperatura controlada (40 C), mas as sementes adquiriram uma cor negra (placa 1). De acordo com Mitra *et al* (2013), a secagem pode ser definida como um método de redução do teor de humidade do produto a um nível seguro para minimizar a degradação da qualidade do produto, permitir um armazenamento mais longo e aumentar o retorno económico. A secagem de bagas de serendipity tem sido difícil com diferentes métodos. Bondoc e Bratucu (2016) investigaram o princípio da preservação de frutas usando métodos químicos e de secagem para preservar as bagas, resultando em produtos secos de alta qualidade. Izli (2014) e Youssef e Mokhtar (2014) também observaram uma redução na luminosidade em *Portulaca oleracea e Physalis peruviana*. O grau de redução depende do tipo de secagem. A secagem das bagas de serendipity resulta numa perda de doçura e numa coloração castanha resultante de reacções enzimáticas e de Maillard. A cor das bagas secas escureceu sem se tornar mais doce (quadro 1). Tal pode dever-se a reacções entre a proteína (aminoácido) e o açúcar da baga e a enzima polifenol oxidase. °Por esta razão, o gel edulcorante foi extraído com uma prensa caseira e seco na estufa a 40 C. Para além da perda da propriedade edulcorante, as sementes dos bagos continham substâncias amargas que, quando misturadas, provocavam a rejeição do produto. Por conseguinte, a maior parte dos edulcorantes utilizados provêm da baga serendipity sob forma extraída e/ou congelada ou seca.

Quadro 1: Influência da secagem na cor das bagas Serendipity

Amostra	L*	a*	b*
Bagas frescas	32.59	32.63	15.11
Bagas secas	11.16	-4.63	-1.30

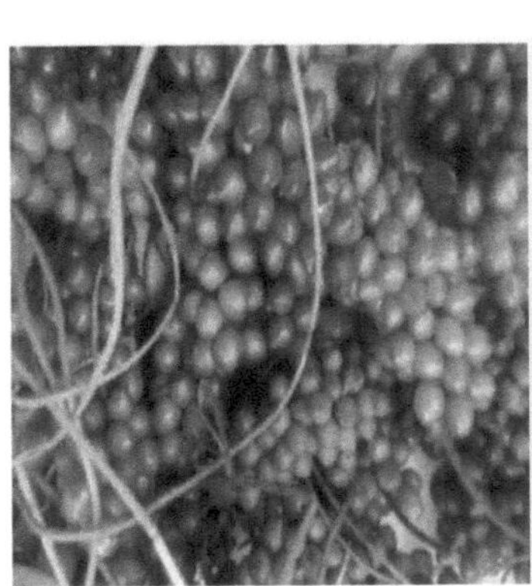

Quadro 1: Bagas Serendipity A-Fresco, B-Seco

Foram feitos esforços para extrair compostos voláteis das sementes de serendipidade para aplicações industriais. Abiodun *et al* (2016) apresentaram um trabalho sobre compostos voláteis no óleo de sementes de serendipity berry (*Dioscoreophyllum cumminsii* Diels). As sementes da baga da serendipidade (*Dioscoreophyllum cumminsii Diels*) utilizadas foram adquiridas numa quinta em Esa-Odo, Estado de Osun, Nigéria. As sementes foram secas e descascadas à mão para remover os cotilédones. Os cotilédones foram moídos e o óleo essencial foi extraído por hidrodestilação. Os componentes voláteis foram determinados utilizando o método de cromatografia gasosa-espetrometria de massa (GC-MS) (Meenakshi *et al.*, 2012).

Painel 1: Semeando as sementes do acaso

O cromatograma e os compostos voláteis presentes no óleo de sementes de bagas de serendipity são apresentados na Figura 1 e na Tabela 1. A análise GC-MS identificou 24 compostos diferentes nas sementes. Os principais componentes foram o álcool, os ésteres e outros compostos aromáticos. O composto mais representado foi o Z, E-2, 13-octadecadieno-ol (33,22%), seguido do timol (7,39%), 1-ciclohexiletanol, éter metílico (7,34%), ácido benzenoacético, 3-hidroxi (6.66%), 2(5H)-furanona, 4-metil-3-(2-metil-2-propenilo) (4,23%), cloreto de miristoilo (3,98%), ciclo-hexeno, 3,5,5-trimetil-(3,96%), p-xileno (2,87%), columbina (3,34%), esqualeno (3,25%), Y-terpineno

(2,47%), 1,2,3-trimetilbenzeno (2,35%), fenol, 2,2-bis(1,1-dimetiletilo) (2,18%) por ordem decrescente. O octadecadieno-ol é um álcool gordo de cadeia longa que pode ser utilizado para conservação, fabrico de reagentes, etc. Os componentes do óleo essencial da semente têm propriedades antimicrobianas, bacteriostáticas e perfumadas. O timol (2-isopropil-5-metilfenol) é um fenol monoterpenóide com um odor aromático que possui poderosas propriedades anti-sépticas, antioxidantes, antibacterianas e antifúngicas (Aeschbach *et al.*,

1994; Cosentino *et al.*, 1999; Venturini *et al.*, 2012, Javed *et al.*, 2013).

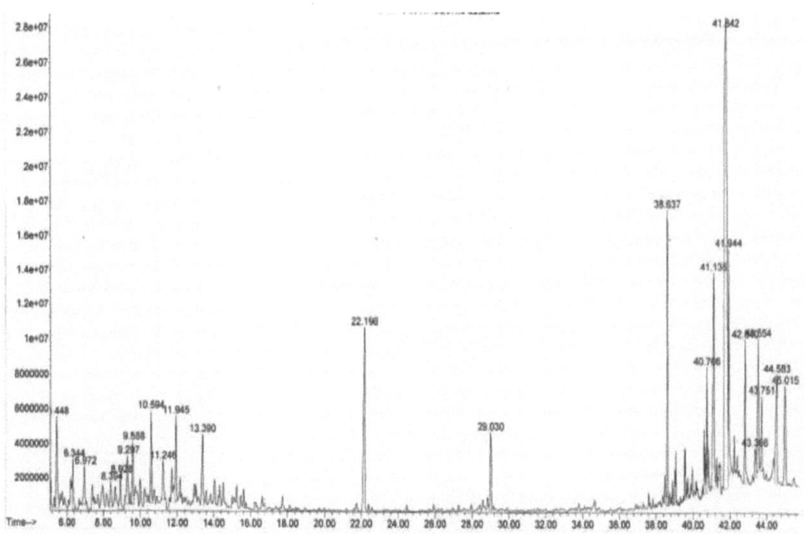

Fig. 1: Cromatograma GC-MS dos componentes do óleo essencial das sementes de serendipity

Tabela 1: Composição do óleo essencial de Serendipity Seed

Tempo de retenção	%	Nome da ligação	CAS NO.
5.45	2.87	p-xileno	000106-42-3
6.44	1.30	o-Xilol	000095-47-6
6.97	1.32	Hexano, 2,4-dimetil-	000589-43-5
8.39	1.00	Octano, 2,6-dimetil-	002051-30-1
8.93	1.25	Ciclooctano, 1-metil-3-propil	255885-37-1
9.30	1.67	Benzeno, 1-etil-3-metil	000620-14-4
9.59	1.84	Benzeno, 1,2,3-trimetil	000526-73-8
10.59	2.35	Benzeno, 1,2,3-trimetil	000526-73-8
11.25	1.25	Reitor	000124-18-5
11.95	2.36	p-Cimeno	000099-87-6
13.39	2.47	Y-terpineno	000099-85-4

22.20	7.39	Timol	000089-83-8
29.03	2.18	Fenol, 2,2-bis-(1,1-dimetiletilo)	000096-76-4
38.64	6.66	Ácido benzenoacético, 3-hidroxi	000621-37-4
40.77	1.83	Ácido 1,15-pentadecanodióico	001460-18-0
41.14	7.34	Éter metílico do 1-ciclo-hexiletanol	1000365-12-8
41.84	33.22	Z, E-2,13-octadecadieno-1-ol	1000131-10-3
41.94	3.98	Cloreto de miristoilo	000112-64-1
42.84	3.34	Columbina	000546-97-4
43.37	1.06	Bis(trif,iuoroacetato) de 2-metiloctadeca-7,8-diol	1000131-09-6
43.55	3.96	Ciclo-hexeno, 3,5,5-trimetil	000933-12-0
43.75	1.88	2-Cyclohexen-1-on, 4-(2-Oxopropyl)-	056051-94-6
44.58	4.23	2(5H)-Furanona, 4-metil-3- (2-metil-2-propenilo)	089902-23-8
45.02	3.25	Squalen	000111-02-4

Referências

Aeschbach, R., Loliger, J., Scott, B.C., Murcia, A., Butler, J., Halliwell, B. e Aruoma, O.I. (1994). Antioxidant effect of thymol, carvacrol, 6-gingerol, zingerone and hydroxytyrosol. Food and Chemical Toxicology, 32: 31-36.

Bondoc, M. e Bratucu, G. (2016). Princípios e métodos de preservação de bagas. [th] A 40.ª Conferência Internacional sobre Mecânica dos Sólidos, Acústica e Vibrações e a 6.ª Conferência Internacional sobre "Engenharia Avançada de Materiais Compósitos" ICMSAV2016 e COMAT2016 Brasov, ROMÉNIA, 24-25 de novembro de 2016.

Cosentino, S., Tuberoso, C.I., Pisano, B., Satta, M., Mascia, V., Arzedi, E. e Palmas, F. (1999). Atividade antimicrobiana in vitro e composição química de óleos essenciais de tomilho da Sardenha. Cartas em Microbiologia Aplicada, 29 : 130-135.

Inglett, G.E. (1976). A history of sweeteners - natural and synthetic. *Jornal de Toxicologia e Saúde Ambiental. 2 (1) : 207-214*

Izli, N., Yildiz,G., Unal, H., Isik, E. e Uylaser ,V. (2014). Efeito de diferentes métodos de secagem nas propriedades de secagem, cor, teor de fenol total e capacidade antioxidante de Goldenberry (*Physalis peruviana* L.). 49 (1): 9-17 DOI: 10.1111/ijfs.12266

Javed, H., Erum, S., Tabassum, S., Ameen, F. (2013). Uma visão geral da importância médica do *timo vulgaris*. *Jornal de Investigação Científica Asiática,* 2013, 3(10):974-982

Oselebe, H. O. e Nwankiti, O. C. (2005). Citologia de pontas de raiz de Dioscoreophyllum cumminsii (Stapf) Diel. *Jornal de Agricultura, Alimentação, Ambiente e Extensão 4(1) : 43-45*

Meenakshi, V. K., Gomathy, S., e Chamundeswari, K. P. (2012). Análise GC - MS do ascídio simples Microcosmus exasperatus Heller, 1878. *Revista Internacional de Pesquisa em Química e Tecnologia, 4(1), 55-62.*

Mitra, P., Meda, V. e Green, R. (2013). Efeito dos processos de secagem na preservação das actividades antioxidantes em bagas de Saskatoon. *Jornal Internacional de Estudos Alimentares,* 2:224-237

Venturini, M.E., D. Blanco e Oria, R. (2012). Atividade antifúngica in vitro de diferentes compostos antimicrobianos contra *Penicillium expansum. Jornal de proteção alimentar,* 65(5): 834839.

Youssef, K.M. e Mokhtar, S.M. (2014). Efeito dos métodos de secagem na capacidade antioxidante, cor e propriedades fitoquímicas das folhas de *Portulaca oleracea* L.. *Jornal de Nutrição e Ciência Alimentar,* 4:322. doi: 10.4172/2155-9600.1000322

CAPÍTULO CINCO

Baga Serendipity: um fruto com boas potencialidades como adoçante natural.

Dauda, A.O. e Kayode, R.M.O.

Departamento de Economia Doméstica e Ciência Alimentar, Universidade de Ilorin, Ilorin, Nigéria.

Introdução

A baga da serendipidade (*Dioscoreophyllum cumminsii*) é um dos frutos pouco apreciados e pouco utilizados que se encontram na floresta no final da estação das chuvas. Trata-se de uma trepadeira dióica da floresta tropical, pertencente à ordem *Renonculaceae* e à família *Menispermaceae*. O género Dioscoreophyllum pertence ao filo *Tinosporeae* e inclui D. *cumminsii* e D. *volkensii* (Oselebe e Nwankiti, 2005). A baga da serendipidade é uma planta tropical nativa da África Ocidental (Wlodawer e Hodgson, 1975) que tem muitos valores medicinais. Os tubérculos, os caules e as folhas são utilizados na medicina indígena (Irvine, 1961; Oselebe e Nwankiti, 2005).

Na Nigéria, as plantas crescem nas zonas de floresta tropical relativamente pouco perturbadas do sul da Nigéria (Oselebe e Ene-Obong, 2007). O teor de vitamina C do fruto da serendipidade foi estimado em cerca de 12,80 mg/100g (Oselebe e Ene-Obong, 2007), que era superior ao teor de vitamina C da laranja local (12,2 mg/100g), da melancia (10,2 mg/100g) e da banana (6,4 mg/100g) (Tee *et al.*, 1988). Isto mostra que este fruto pode ser útil para a saúde humana e substituir os citrinos, tal como referido por Abiodun *et al.* (2014).

Cultivar a baía da serendipidade

A baga serendipity é um fruto pouco explorado em comparação com outros frutos utilizados na indústria frutícola para a produção de sumos e concentrados. Este fruto poderia ser utilizado para a produção de vinho e sumo (Abiodun *et al.,* 2014), tornando o produto disponível fora de época.

A baga Serendipity cresce em estado selvagem na maioria dos países tropicais africanos. Cresce desde a Serra Leoa, a leste, até à Eritreia, Angola e Moçambique. Cresce a baixas altitudes, desde o nível do mar até aos 400 metros. Alguns autores separaram as plantas acima de 200 m de altitude como uma espécie distinta (Oselebe e Ene-Obong, 2007). Existem duas variedades:

- *Dioscoreophyllumvolkensii* var. *volkensii:* endémica da ilha de Bioko na Guiné Equatorial.

- *Dioscoreophyllumvolkensii* var. *fernandense*, presente no continente africano.

A importância da baía da serendipidade

A baga Serendipity é um substituto do açúcar. Um substituto do açúcar é um aditivo alimentar com um sabor tão doce como o açúcar, mas que contém muito menos energia alimentar. Os substitutos do açúcar são utilizados em vez do açúcar por várias razões, incluindo a perda de peso, a prevenção de problemas dentários, a prevenção da diabetes mellitus e como fonte de adoçantes baratos (Coultate, 2009).

Adoçante natural em Serendipity Berry

Antes de ser possível produzir açúcar, as pessoas utilizavam outros edulcorantes, incluindo o mel. Atualmente, o açúcar é um produto importante e é obtido a partir de várias plantas, como a cana-de-açúcar, a beterraba sacarina, o xarope de ácer, o sorgo, etc. Os edulcorantes podem ser naturais ou sintéticos e são conhecidos por serem utilizados como conservantes. A procura de edulcorantes e conservantes naturais levou a uma investigação intensiva sobre plantas com propriedades adoçantes.

Outros edulcorantes vegetais também são utilizados como adoçantes e conservantes em vários países (Suez *et al.*, 2014). As folhas da Stevia rebaudiana (*Asteraceae ou Compositae*) contêm glicosídeos diterpénicos, que são mais de 300 vezes mais doces do que a sacarose e eram utilizados pelos índios paraguaios. Atualmente, a planta é utilizada como adoçante e exportada pelo Japão. O alcaçuz, a raiz de Glycyrrhizaglabra, Fabaceae ou Leguminosae, contém um glicosídeo sapónico chamado glicirrizina (Obioh *et al.*, 2007). É utilizada para aromatizar medicamentos, doces e tabaco. O fruto milagroso, Synsepalum dulciferum Sapotaceae, contém uma proteína que dá um sabor doce às substâncias ácidas. As bagas da serendipidade, *Dioscoreophyllum cumminsii*, Menispermaceae, contêm uma proteína com um sabor intensamente doce. A utilização das bagas da serendipidade como conservante resulta da procura por parte dos consumidores de um alimento de alta qualidade, saudável e seguro.

O fruto, serendipity berry, contém um adoçante proteico chamado monelina, que poderia substituir o açúcar em alimentos para diabéticos e pessoas em dieta (Oselbe e Nwankiti 2005). Este fruto é comparável a outros frutos utilizados na indústria frutícola para sumos e concentrados. Este fruto poderia ser utilizado na produção de vinho e sumos (Abiodun *et al.*, 2014) e poderia ajudar a garantir a disponibilidade de sumos de diferentes frutos, mesmo fora de época.

Monelin

A monelina é uma proteína doce do fruto da baga serendipity. É percepcionada como muito doce pelos seres humanos e por alguns primatas do Velho Mundo, embora não seja preferida por outros mamíferos (*Hounsome et al.,* 2008). A sua doçura relativa varia entre 800 e 2.000 vezes a da sacarose, dependendo da doçura com a qual é comparada. É relatada como sendo 1.500 a 2.000 vezes mais doce do que uma solução de sacarose a 7% numa base de peso e 800 vezes mais doce do que a sacarose quando comparada com uma solução de sacarose a 5% numa base de peso (Inglet e May, 1969). A monelina tem um início de doçura lento e um sabor residual persistente. Tal como a miraculina, a doçura da monelina depende do pH; abaixo do pH 2,0 e acima do pH 9,0, a proteína não tem sabor. A mistura da proteína edulcorada com edulcorantes a granel e/ou intensos reduz a doçura persistente e tem um efeito edulcorante sinérgico (Kim e Kinghorn 2002). Para além disso, o aquecimento acima de 50°C e a um pH baixo desnatura o conteúdo proteico, resultando numa perda de doçura.

Utilização da monelina como conservante

A monelina pode ser útil para adoçar certos alimentos e bebidas, uma vez que é um edulcorante proteico que se dissolve facilmente na água devido às suas propriedades hidrofílicas. No entanto, a sua utilização pode ser limitada, uma vez que desnatura a altas temperaturas, tornando-a inadequada para alimentos processados. Poderá ser interessante como adoçante de mesa sem hidratos de carbono, particularmente para pessoas como os diabéticos que precisam de controlar a sua ingestão de açúcar (*Nabors et al.*, 2001). Além disso, a extração da monelina do fruto é dispendiosa e o cultivo da planta é difícil. Estão a ser estudados métodos de produção alternativos, como a síntese química e a expressão em microrganismos. Por exemplo, a monelina foi expressa com êxito em levedura (*Candida utilis*) (*Ogata et al.,* 1987) e sintetizada utilizando um método de fase sólida. Verificou-se que a monelina sintetizada pela levedura é 4000 vezes mais doce do que a sacarose em comparação com uma solução de açúcar a 0,6%. Alguns outros edulcorantes são brevemente apresentados abaixo:

Potencial de edulcoração e conservação do edulcorante de bagas serendipity

Muito já foi dito sobre a monelina, a proteína doce da fruta, a serendipity berry. No entanto, Dauda *et al* (2017) investigaram o efeito do adoçante extraído do fruto da baga no sumo de melancia armazenado durante doze semanas. Descobriram que as amostras de sumo de melancia tratadas com o adoçante extraído da baga eram muito doces e foram armazenadas durante cerca de doze semanas em comparação com as amostras de controlo sem adoçante.

A contagem total de germes em todas as amostras no final da primeira semana era baixa, indicando que a pasteurização das amostras minimizou efetivamente a carga microbiana que poderia ter-se acumulado durante o processamento ou a partir do ambiente e que o produto é, portanto, seguro para consumo. Algumas das amostras tratadas não apresentaram crescimento, enquanto as amostras de controlo apresentaram um baixo crescimento, o que é consistente com os relatórios de Ankush *et al.* (2015). Após doze semanas de armazenamento, foi observado um baixo crescimento de microrganismos e bolores nas amostras tratadas com o edulcorante extraído de frutos vermelhos, enquanto as amostras de controlo (amostras sem o extrato de edulcorante) apresentaram um crescimento muito elevado. O aumento da carga microbiana das amostras tratadas no final do período de armazenamento foi mínimo (entre 0,2x105 - 1,4x105 CFU/ml), enquanto as amostras de controlo apresentaram um forte aumento de 1,1x105 - 9,7x107 CFU/ml durante o mesmo período. A redução da carga microbiana pode ser atribuída ao efeito do edulcorante extraído da baga da serendipidade adicionado às amostras tratadas. [4]Estes valores estavam dentro do limite de segurança para sumos, uma vez que não excederam os valores padrão recomendados por Ihekoronye e Ngoddy (1985), ou seja, 1,0 x 10 ufc/ml. O prazo de validade das amostras tratadas foi determinado tendo em conta a população microbiana da amostra não tratada no final da primeira e da décima segunda semanas.

O extrato foi utilizado em bebidas locais e a avaliação sensorial dos produtos revelou que os edulcorantes podiam substituir eficazmente o açúcar em concentrações mais baixas. Mais recentemente, o Departamento de Economia Doméstica e Ciência Alimentar da Universidade de Ilorin começou a trabalhar na utilização de extractos de bagas da serendipidade para fazer pão e vinho.

REFERÊNCIAS

Abiodun, O. A., Amanyunose, A.A., Olosunde, O.O. e Adegbite, J.A, (2014).Food Science and Quality Management www.iiste.org ISSN 2224-6088 (Paper) ISSN 2225-0557 (Online) Vol.28, 2014.

Abuharfeil, N., R. Al-Oran, e M. Abo-Shehada (1999). O efeito do mel de abelha sobre a atividade proliferativa dos linfócitos B e T humanos e sobre a atividade dos fagócitos. Immunologie alimentaire et agricole 11: 169-177.

Ankush D Jumde, R.N. Shukla, Gousoddin (2015). Desenvolvimento e análise química de misturas de melancia com sumo de beterraba vermelha durante o armazenamento. *Revista* internacional de *ciência, engenharia e tecnologia - Volume 3 Edição 4.*

Cordain, L., Eades, M.R. e Eades M.D. (2003). Doenças hiperinsulinémicas da civilização: mais do que apenas o síndrome X. Comparative Biochemistry and Physiology Part A 136 : 95-112.

Coultate, T. (2009). Food: the chemistry of its components (Alimentos: a química dos seus componentes). Cambridge, Reino Unido: The Royal Society of Chemistry

Dauda A.O, Abiodun O.A, Maiyaki Taofiquat e Kayode R.M.O: Avaliação microbiológica do sumo de melancia tratado com extrato de Serendipity Berry (*Dioscoreophyllum cumminsii*).

Em croata. J. Food Sci. Technol. 9 (1) : 19-24. DOI : 10.17508/CJFST.2017.9.1.03

Eaton, S.B., e S.B. Eaton (2000). Dieta paleolítica vs. dieta moderna - Estudos fisiopatológicos seleccionados.

As implicações. *Jornal* Europeu *de Nutrição* 39:67-70.

Isichei, A.O. (2007). Departamento de Botânica, Universidade Obafemi Awolowo, Ile-Ife, Nigéria Atribuído em 14 de julho de 2005.

Havsteen, B.H. (2002). A bioquímica e a importância médica dos flavonóides. Pharmacology and Therapeutics 96: 67-202.

Hounsome, N., Hounsome, B., Tomos, D., y Edwards-Jones, G. (2008.) Plant Metabolites and Nutritional Quality of Vegetables. *Revue Food of Science.* Vol.73, n° 4, p. 48-62.

Ihekoronye AI, Ngoddy PO (1985). *Ciência e tecnologia alimentar integrada para os trópicos. Macmillan Ltd. Londres.* pp. 296-323.

Inglett, G. E. e May, J. F. (1969), Serendipity Berries-Source of a New Intense Sweetener. *Journal of Food Science*, 34 : 408-411. doi : 10.1111/.1365-2621.1969.tb12791.

Irvine, F. R. (1961). Woody plants of Ghana with special reference to their uses. Oxford University Press, Londres. 578 pp.

Kahn, B.B., e J.S. Flier. (2000). Obesity and insulin resistance (Obesidade e resistência à insulina). *Journal of Clinical Investigation* 106:473-81.

Kim NC e Kinghorn AD (2002). "Compostos altamente doces de origem vegetal". Arch. Pharm. Res. 25 (6): 725-46.

Nabors, Lyn O'Brien ; Lyn O'Brien-Nabors (2001). Alternative sweeteners / editado por Lyn O'Brien-Nabors. Nova Iorque, N.Y.: Marcel Dekker. ISBN 0-8247-0437-1.

Nzeagwu, O.C e Undugwu , A.N (2009). Composição nutricional, propriedades físicas e sensoriais de sumos de tamarindo aveludado *[delium guineese wild]*, ananás e papaia. *Nigeria Food Journal*. Vol 27, 2:168-174.

Ogata C, Hatada M, Tomlinson G, Shin WC, Kim SH (1987). "Estrutura cristalina da proteína monelina intensamente doce". *Nature 328 (6132): 739-42.*

Oselebe, H. O. e Nwankiti, O. C. (2005). Citologia de pontas de raiz de Dioscoreophyllum cumminsii (Stapf) Diel. *Jornal da agricultura*, alimentação, ambiente e extensão 4 (1) : 4345

Oselebe, O.H. e Ene-Obong, E.E. (2007). Organogénese em Dioscoreophyllum cumminsii (Stapf) Diels. Tropicultura, 2007, 25, 1, 37-43 .

Suez J, Korem T, Zeevi D, Zilberman-Schapira G, Thaiss CA, Maza O, Israeli D, Zmora N, Gilad S, Weinberger A, Kuperman Y, Harmelin A, Kolodkin-Gal I, Shapiro H, Halpern Z, Segal E, Elinav E (2014). "Os adoçantes artificiais induzem a intolerância à glicose alterando a microbiota intestinal". Nature (Preview) 514 (7521): 181-6

Tee, E. S., Young, S. I., Ho, S. K. e Mizura, S. S. 1988. Determinação da vitamina C em frutas e legumes frescos utilizando a titulação de corantes e o método microfluorométrico. Pertanika 11(1): 39-44.

Wlodawer A., Hodgson KO., (1975) Crystallization and Crystal Data of Monellin. Actas da Academia Nacional de Ciências dos Estados Unidos da América 72, 398-9.

CAPÍTULO SEIS

Composição química das bagas de serendipity

Abiodun O.A., Dauda A.O. e Akintayo, O.A.

Departamento de Economia Doméstica e Ciência Alimentar, Universidade de Ilorin,

Estado de Kwara, Nigéria

A baga da serendipidade é uma das plantas cultivadas menos exploradas com elevado potencial e valor nutricional. Em estudos realizados por Abiodun e Akinoso (2014) e Abiodun *et al.* (2014), as bagas da serendipidade continham uma quantidade considerável de nutrientes que poderiam ser benéficos para a saúde humana. O número de bagas da serendipidade num cacho variou de 45 a 98, dependendo do tamanho do cacho de frutos. Para todos os frutos, o número de bagas varia consoante o tamanho, a espécie e o tipo de fruto. Em comparação com outros frutos, como as variedades de aronia, o seu peso é baixo (Zatylny *et al.*, 2005). De acordo com Walkowiak-Tomczak *et al* (2008), o tamanho do fruto e o peso seco são características de qualidade importantes e propriedades que determinam o sabor e a processabilidade do fruto. °O teor de solúveis totais foi de 11,20 Brix, conforme relatado por Abiodun e Akinoso (2014). Foi relatado que o grau de aceitação da fruta pelo consumidor está significativamente relacionado com o teor de sólidos solúveis totais da fruta (Crisosto e Crisosto, 2005; Hajilou e Fakhimrezaei, 2011). A acidez titulável da baga serendipity foi de 0,27% de ácido cítrico fraco e o pH elevado de 6,6 em frutos totalmente maduros, resultando numa baixa acidez e caracterizando a baga serendipity como um alimento de baixa acidez.

O teor de humidade e a matéria seca foram de 80,44% e 19,56%, respetivamente (Abiodun e Akinoso, 2014). O teor de humidade das frutas e legumes é um dos principais factores que influenciam a sua qualidade. É um importante critério de qualidade que influencia diretamente o prazo de validade das frutas e legumes (Vesali *et al.*, 2011). O teor de humidade dos alimentos é uma medida do rendimento e da qualidade e, como tal, é de importância económica. A estabilidade química, física e microbiana dos alimentos é influenciada pelas propriedades da água e tem um impacto nas propriedades estruturais dos alimentos (Park e Bell, 2004). O teor de vitamina C do fruto da serendipidade foi de 12,80 mg/100 g, o que indica que é útil para a saúde humana e pode ser utilizado como substituto dos citrinos. A Figura 1 mostra que o valor do composto bioativo (carotenóides) foi de 2,01 mg/100 g, o que apoia os benefícios para a saúde e os efeitos fisiológicos da vitamina A, incluindo a sua utilidade para a visão, resistência a doenças, integridade celular, remodelação óssea e reprodução (IITA, 2008).

A frutose e a glucose foram os tipos de açúcar predominantes nas bagas (Figura 2). Os teores de frutose e glucose variaram entre 0,61 e 3,47 mg/100g e 0,35 e 3,15 mg/100g, respetivamente. O teor de frutose foi mais elevado do que o dos outros açúcares nos três componentes das bagas. Os níveis destes açúcares nas bagas eram baixos em comparação com os outros frutos. O teor mais elevado de açúcares totais na baga foi na gelatina (7,62 mg/100 g) e o mais baixo na semente (1,05 mg/100 g). A baga da serendipity tinha um baixo teor de açúcar, o que é consistente com os relatórios de Inglett (1976) e Oselebe e Nwankiti (2005). O edulcorante intenso da baga é uma proteína chamada monelina. Como resultado, a baga serendipity pode ser recomendada a pessoas que necessitam de fruta com baixo teor de açúcar, como os diabéticos.

A solasodina, o timatidenol e a soladulcina são os principais alcalóides presentes nas sementes da serendipity berry (Figura 3). A soladulcina foi o alcaloide predominante nas sementes e na casca. O tomatidenol não foi detectado na casca, mas todos os alcalóides não foram detectados na gelatina, com exceção de vestígios de emetina, o que indica que a gelatina é própria para consumo. O teor total de alcalóides variou de 0,0006 a 1,09 mg/100 g. Embora as sementes tenham um teor de alcalóides mais elevado do que os outros componentes, o valor foi muito elevado em comparação com o teor de alcalóides na manga de 0,01 mg/100 g (Fowomola, 2010) e 0,13-0,17% em mangas selvagens (Joseph e Aworh, 1991). O teor de alcalóides na casca foi de 0,18 mg/100 g, o que está dentro da gama registada para cascas de manga selvagem, e menos de 5 g/kg em polpa de palmeira ráfia (Joseph e Aworh, 1991, Ogbuagu, 2008). Níveis elevados de alcalóides são tóxicos se ingeridos por seres humanos.

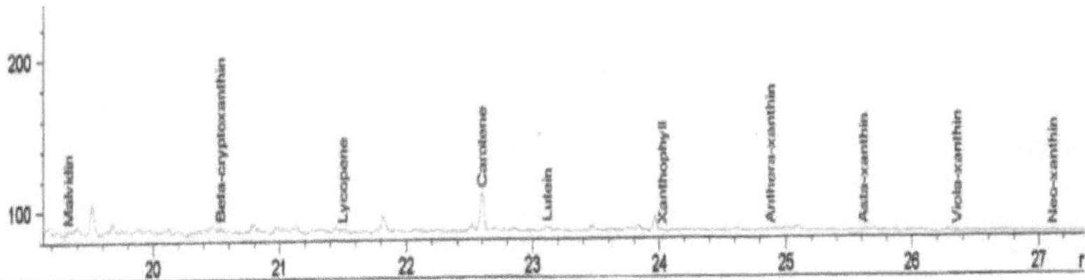

Fig. 1: Perfil de carotenóides da baga Serendipity

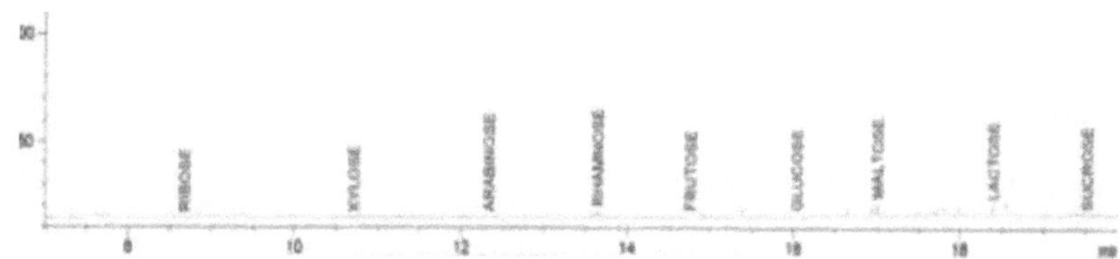

Fig. 2: Perfil de açúcar da baía de serendipity

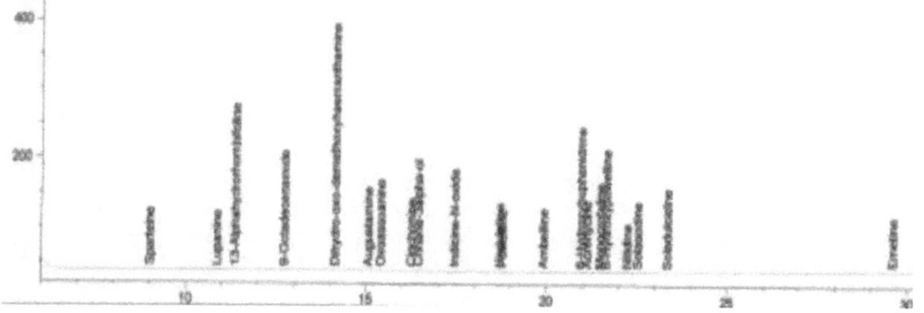

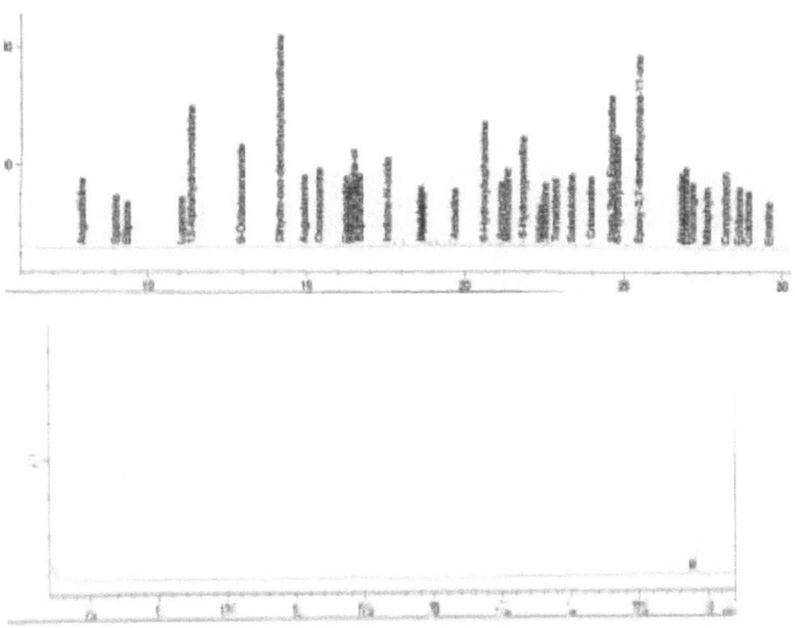

Fig. 3: Perfil de alcalóides na casca da baga A, nas sementes B e no gel C

Composição química da farinha e do óleo de sementes de serendipity

Análise de aproximação

A análise de proximidade efectuada na farinha de sementes revelou que as sementes tinham um potencial de óleo mais elevado (49,80%) (Quadro 2). O resultado da análise de proximidade mostrou que o teor de lípidos era o mais elevado (49,80%), seguido dos hidratos de carbono (19,14%). Isto mostra que a semente é uma fonte potencial de energia. O teor de proteínas foi de 17,53%, indicando que a farinha de sementes pode ser utilizada como suplemento alimentar devido ao seu elevado teor de proteínas. O teor de humidade da farinha de sementes foi de 7,83%, indicando que as sementes, se intactas, podem ser armazenadas durante muito tempo. O teor de fibra foi de 4,03%, enquanto o teor de cinzas foi de 1,6%. O magnésio foi o principal componente mineral da farinha, seguido do ferro, fósforo e cálcio.

A farinha de sementes tinha 80

baixos teores de sódio e potássio. A composição mineral da farinha depende da
localização, das variedades, do solo e dos diferentes métodos de cultivo.

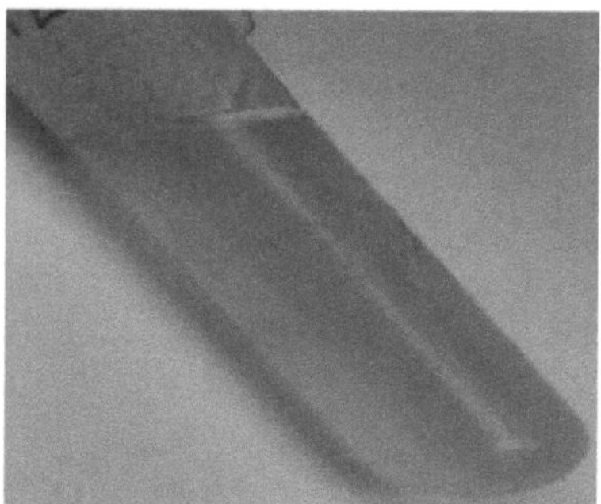
Quadro 1: Óleo de sementes Serendipity

Quadro 2: Composição química da farinha de sementes de D.

Parâmetros	Valor
% de cinzas.	1.67±0.09
Humidade %.	7.83±1.34
Proteína %.	17.53± 0.86
% de gordura.	49.80±3.91
% de fibra bruta.	4.03±0.21
% de hidratos de carbono.	19.14±0.12
P (mg/kg)	0.044±0.00
Mg (mg/kg)	0.464±0.78
Fe (mg/kg)	0.058±0.01
Ca (mg/kg)	0.038±0.20
Na (mg/kg)	0.007±0.00
K (mg/kg)	0.009±0.00

Composição anti-nutricional

O tanino tem o valor mais alto (1066,30 mg/100g), o que mostra que a farinha precisa de um tratamento adequado para eliminar este composto para outros alimentos. Esta pode ser a razão do sabor amargo do bolo de sementes. O tanino é conhecido pelo seu sabor adstringente e é um ingrediente importante no curtimento do couro. Os taninos são polifenóis vegetais capazes de formar complexos com iões metálicos e com macromoléculas como as proteínas e os polissacáridos (De-Bruyne *et al.*, 1999; Dei *et al.*, 2007). A composição de fitato da semente era de 3,68%. O fitato é uma forma de fósforo ligado organicamente nas plantas. Sabe-se que os fitatos presentes nos alimentos se ligam a minerais essenciais (como o cálcio, o ferro, o magnésio e o zinco) no sistema digestivo, levando a deficiências minerais (Bello *et al.*, 2008). O tanino e o fitato ligam-se a minerais e proteínas e formam sais insolúveis, reduzindo a sua biodisponibilidade ou absorção (Thompson, 1993; Guil e Isasa, 1997; Muhammad *et al.*, 2011). Um tratamento adicional das sementes poderia eliminar os antinutrientes na farinha de sementes

Quadro 3: Antinutrientes (mg/100g) na farinha de sementes D

	Valor do parâmetro
Gerbsäure	1066,30±2,31
Fitato	3,68=0,37

Propriedades físico-químicas do óleo de sementes

Os resultados apresentados no quadro 4 mostram as propriedades físico-químicas do óleo de serendipity. Abiodun e a sua equipa estudaram a extração do óleo utilizando uma prensa de óleo e hexano. O óleo extraído com a prensa de parafuso tinha uma viscosidade mais elevada do que o óleo extraído com hexano, mas um rendimento inferior. No entanto, a utilização de hexano para extrair o óleo produziu uma grande quantidade de óleo, enquanto a combinação de prensa de óleo e hexano produziu uma maior percentagem de óleo. Isto pode dever-se ao calor gerado pela prensa de óleo, que decompõe as células, libertando assim o conteúdo de óleo. Este facto facilitou a penetração do hexano nas células quebradas e aumentou o teor de óleo da semente. As sementes prensadas apresentavam-se sob a forma de uma pasta, como se pode ver na figura 2. O óleo obtido era de cor amarela clara e permanecia líquido mesmo após meses de armazenamento à temperatura ambiente (quadro 1), com um odor semelhante ao dos hidrocarbonetos. A acidez titulável (ATT) do óleo era baixa (1,85%), enquanto os teores de peróxido e de acidez estavam dentro dos limites recomendados para o óleo não refinado. O índice de iodo foi elevado, indicando um elevado grau de insaturação no óleo. O valor de saponificação do óleo de sementes de Serendipity berry foi baixo (86,72 mg KOH/L) em comparação com outros óleos de sementes, como o de coco e o de soja. De acordo com Odoom e Edusei (2015), um baixo valor de saponificação indica um elevado nível de impurezas no óleo. ^{3}O óleo tinha uma viscosidade baixa (1,89 cm /s). °O óleo de semente de Serendipity foi analisado a diferentes temperaturas ambientes (22-29 C) durante as estações das chuvas e das hamartanas e revelou-se líquido. Os parâmetros obtidos estão em conformidade com a norma do Codex para o óleo não refinado. A composição em ácidos gordos do óleo de sementes é apresentada no quadro 5. Os principais ácidos gordos presentes no óleo de sementes de serendipity são o ácido oleico, o ácido linoleico, o ácido linolénico, o ácido palmítico e o ácido esteárico, por ordem decrescente. Os resultados mostraram que o óleo de sementes de serendipity contém uma maior proporção de ácidos gordos insaturados do que de ácidos gordos saturados. Estes resultados são coerentes com os de Ata e Hammonds (1976). Ata e Hammonds (1976) registaram um nível mais elevado de ácido oleico (84,7%) e um nível mais baixo de ácido linoleico (8,0%) no óleo de serendipity. As variações nos valores podem depender das espécies de bagas, do método de análise, dos factores ambientais e da localização.

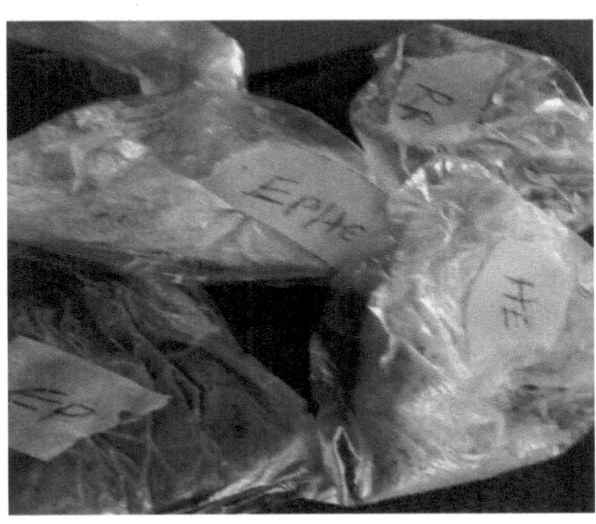

Quadro 2: Pasta Ep após expressão, farinha EPHE após expressão e extração com hexano, HE-

Farinha de extração por hexano, sementes RR

Quadro 4: Propriedades físico-químicas de D

Parâmetros	Valor
Gravidade específica	0.91±0.01
TTA % DE	1.85±0.78
Peróxido (mg/KOH/L)	12.53±1.37
Acidez (mg/KOH/L)	17.28±0.99
Índice de iodo	136.70±0.82
Índice de saponificação (mgKOH/L)	86.72±0.69
[3]Viscosidade (cm /s)	1.89±0.10

Quadro 5: Composição dos principais ácidos gordos do óleo de semente de serendipity

Parâmetros	Valor
Ácido oleico (C18:1)	60.03
Ácido linoleico (C18:2)	23.23
Ácido linolénico (C18:3)	6.66

| Ácido palmítico (C16:0) | 6.26 |
| ácido esteárico (18:0) | 3.22 |

REFERÊNCIAS

Abiodun, O. A., Amanyunose, A.A., Olosunde, O.O. e Adegbite, J.A, (2014).Food Science and Quality Management www.iiste.org ISSN 2224-6088 (Paper) ISSN 2225-0557 (Online) Vol.28, 2014.

Abiodun, O.A. e Akinoso, R. (2014). Propriedades físico-químicas da fruta Serendipity Berry (*Dioscoreophyllum cumminsii*). Jornal de Ciências Aplicadas e Gestão Ambiental 18 *de junho* (2) 215-218.

Ahmed S. e Beigh S.H. (2009). Ácido ascórbico, carotenóides, teor de fenóis totais e atividade antioxidante de diferentes genótipos de Brassica Oleracea encephala. *Jornal de Ciências Médicas e Biológicas* 3 (1) : 1-8

AOAC . 2005. Método oficial de análise. J. Assoc. Off. Anal. Chem. Washington Dc

Ata, J.K.B.A. e Hammonds, T.W. (1976). Uma nota sobre o óleo extraído da baga da serendipidade (*Dioscreophyllum cumminsii* Diel.). Jornal de Ciências Agrícolas do Gana, 9: 63-64

Azlan, A., Nasir, N.N.M., Amom, Z e Ismail, A. 2009. Propriedades físicas da casca, polpa e caroço do fruto de Canarium odontophyllum. Revue de l'alimentation, de l'agriculture et de l'environnement 7 (3&4) : 55-57

Crisosto C.H., e Crisosto G.M. (2005). Relação entre o teor de sólidos solúveis maduros (RSSC) e a aceitação pelo consumidor de variedades de pêssego e nectarina com alta e baixa acidez na polpa derretida. Postharvest. Biol. Tec, 38:239-246.

Faruya J., Takafumi Y. & Kiyohara H. (1983). Produção de alcalóides em células de cultura de *Dioscoreophyllum cumminsii*. Phytochemistry, 22, 1671-1673.

Fowomola, M. A. (2010). Alguns teores de nutrientes e antinutrientes das sementes de manga (Magnifera indica). *Jornal Africano de Ciência Alimentar* 4(8) : 472 - 476

Hajilou, J. e Fakhimrezaei, S. (2011). Avaliação das propriedades físico-químicas da fruta em algumas cultivares de pêssego. Investigação em Biologia Vegetal, 1(5) : 16-21

Holden, J.M., Eldridge,A.L., Beecher, G.R., Marilyn Buzzard, I.M., Bhagwat, S., Davis, C.S., Douglass,L.W., Gebhardt,E.S., Haytowitz, D. e Schake, S. (1999). Carotenoid content of American food products: An Update of the Database. Journal of Food Composition and Analysis 12 : 169196

IITA (2008). Inhame, investigação para o desenvolvimento, *Publicação do IITA* 1 : 1-10

Inglett, G. E. e May, J. F. (1969). Serendipity Berries - Fonte de um novo adoçante intenso. Journal of Food Science, 34 : 408-411. doi : 10.1111/j.1365-2621.1969.tb12791.

Inglett, G.E. (1976). A history of sweeteners - natural and synthetic. Jornal de Toxicologia e Saúde Ambiental. 2 (1) : 207-214

Joseph, J.K. e Aworh, O.C. (1991). Propriedades químicas de variedades pouco conhecidas de manga selvagem (*Irvingia gabonensis*). *Jornal Alimentar Nigeriano* 9: 159-166

Odoom, W. e Edusei, V.O. (2015). Avaliação do índice de saponificação, índice de iodo e impurezas insolúveis em óleos de coco do distrito de Jomoro na região ocidental do Gana. *Jornal Asiático de Agricultura e Ciências Alimentares,* 03(05): 494-499.

Ogbuagu, M.C. (2008). Vitaminas, substâncias vegetais secundárias e elementos tóxicos na polpa e nas sementes da palmeira ráfia (*Raphia hookeri*). *Frutos* , 63 (5):297-302

Oselebe, H. O. e Nwankiti, O. C. (2005). Citologia de pontas de raiz de *Dioscoreophyllum cumminsii* (Stapf) Diel. Jornal da agricultura, alimentação, ambiente e extensão 4 (1) : 4345

Park, W.Y. e Bell, L.N. (2004). Determinação do teor de humidade e cinzas em alimentos. Handbook of food analysis. Em: Nollet, L.M.L. (eds). 2ª edição. CRC Press. 3 : 55-82

Vesali, F., Gharibkhani, M. e Komarizadeh, M.H. 2011. Uma abordagem para estimar o teor de humidade da maçã com o método de processamento de imagem. AJCS 5(2):111-115.

Walkowiak-Tomczak, D., Regula, J. e Lysiak, G. 2008. Propriedades físico-químicas e atividade antioxidante de frutos de culturas de ameixa seleccionadas. Ata Sci. Pol., Technol. Aliment. 7(4):15-22

Zatylny, A. M., Ziehl, W. D. e St-Pierre, R. G. 2005. Propriedades físico-químicas de frutos de chokeberry (*Prunus virginiana* L.), lingonberry (*Viburnum trilobum* Marsh.) e groselha preta (*Ribes nigrum* L.) cultivados em Saskatchewan. Canadian Journal of Plant Science 85: 425-429.

Resumo do trabalho

A baga da serendipidade é um fruto silvestre e recalcitrante. Faz parte de uma série de plantas frutíferas ameaçadas que estão a desaparecer gradualmente devido à desflorestação e a outros factores. A domesticação da serendipity berry tem sido difícil até há pouco tempo, quando um investigador trabalhou em diferentes métodos de cultivo. O desenvolvimento e o crescimento da serendipity berry foram cuidadosamente monitorizados, e são necessários meses para que os rebentos surjam, utilizando diferentes métodos. O fruto contém um poder adoçante natural que pode ser utilizado na indústria alimentar, enquanto as sementes contêm uma elevada proporção de óleo que pode ser modificado e refinado ou utilizado como combustível devido à sua baixa viscosidade. Os constituintes químicos do óleo essencial das sementes de serendipity indicam que este possui propriedades antimicrobianas, antibacterianas e antifúngicas. Estas poderiam ser úteis nas indústrias alimentar e farmacêutica. O bolo de sementes continha substâncias amargas que tornavam a farinha de sementes inutilizável se não fosse tratada para remover o amargor. O extrato de bagas de serendipity manteve as suas propriedades adoçantes quando armazenado à temperatura de congelação e seco, mas perdeu a sua eficácia quando as bagas inteiras foram secas diretamente. A utilização do extrato de serendipity em produtos alimentares está em curso e já foram alcançados êxitos com a sua utilização no fabrico de pão e de bebidas locais.

Agradecimentos

Gostaríamos de agradecer ao Chefe B.O. Famakinwa (Odesanmi d'Esa-Odo), ao Pa J.O. Fadipe (Orin Ekiti), ao Sr. Oyewole Orunmuyiwa e ao Sr. Alaba Fatukasi por nos terem fornecido as informações necessárias e por nos terem ajudado a obter estes frutos da floresta. Muito obrigado a todos vós.

Conteúdo

Printed by Books on Demand GmbH, Norderstedt / Germany